高等院校应用型人才培养规划教材

土壤学实验与实习指导

主编　迟春明　卜东升　张翠丽

西南交通大学出版社
·成都·

图书在版编目（ＣＩＰ）数据

土壤学实验与实习指导／迟春明，卜东升，张翠丽
主编．—成都：西南交通大学出版社，2016.8
高等院校应用型人才培养规划教材
ISBN 978-7-5643-4937-0

Ⅰ．①土… Ⅱ．①迟… ②卜… ③张… Ⅲ．①土壤学
－高等学校－教学参考资料 Ⅳ．①S15

中国版本图书馆 CIP 数据核字（2016）第 197561 号

高等院校应用型人才培养规划教材

土壤学实验与实习指导

主编　迟春明　卜东升　张翠丽

责 任 编 辑	陈　斌
助 理 编 辑	张秋霞
封 面 设 计	何东琳设计工作室
出 版 发 行	西南交通大学出版社 （四川省成都市二环路北一段 111 号 西南交通大学创新大厦 21 楼）
发行部电话	028-87600564　028-87600533
邮 政 编 码	610031
网　　　址	http://www.xnjdcbs.com
印　　　刷	四川煤田地质制图印刷厂
成 品 尺 寸	170 mm×230 mm
印　　　张	11.5
字　　　数	203 千
版　　　次	2016 年 8 月第 1 版
印　　　次	2016 年 8 月第 1 次
书　　　号	ISBN 978-7-5643-4937-0
定　　　价	34.00 元

前　言

　　本书的章节编排顺序与"面向 21 世纪课程教材"——《土壤学》相配套,内容包含了最基本的土壤物理和土壤化学等分析项目的测定方法。实验内容由实验原理、实验仪器及试剂、实验步骤、结果计算四部分组成;实习内容由实习目的、实习仪器及设备和实习内容三部分组成。该书既可用于各高等农林院校农学、园艺、林学、土地资源管理、草业科学、园林等专业教学使用,也可供农、林、牧、土壤环境监测等专业科技人员参考使用。

　　本书共分上、下两篇,上篇包括二十八个实验,下篇包括五个实习。实验部分包括土壤机械组成的测定、土壤密度及容重的测定、土壤水分含量参数的测定、土壤热特性的测定、土壤团聚体的测定、土壤氧化还原电位的测定、土壤吸附性能的测定、土壤有机质的测定、土壤大量元素和有效养分的测定及土壤可溶性盐分的测定等;实习部分包括土壤样品的采集与制备、土壤环境调查、土壤标本的采集、土水势的测定和土壤温度的测定。各院校可根据实际教学情况及当地自然环境条件选择本书中的部分内容开展实验教学和实习教学。

　　本书编写分工如下:实验一～实验九及实习二由塔里木大学张翠丽编写,实验十～实验十五、实验二十六～实验二十八及实习四、实习五由塔里木大学迟春明编写,实验十六～实验二十五及实习一、实习三由新疆生产建设兵团第一师农业科学研究所卜东升编写。

　　本书在编写过程中综合参考了大量土壤学及其相关学科的书籍文献,在此谨向参阅的各书籍文献的作者致以诚挚的谢意!由于时间和水平有限,书中难免存在疏漏和不当之处,恳请不吝指正,以便在修订时能及时更正。

编　者

2016 年 4 月

目　录

上篇　土壤学实验

下篇　土壤学实习

上篇

土壤学实验

土壤学实验课的目的意义及相关事项

土壤是人类赖以生存和发展的重要物质基础，也是人类从事农业生产的基地和生产资料。土壤学实验教学有利于学生深化对理论知识的理解，掌握运用基本理论和原理分析解决实际问题，对所学知识的认识由感性认识升华为理性认识，锻炼学生的动手能力、技术操作能力、观察能力、思维创新能力和团队合作能力，从而培养学生的综合素质。

一、土壤学实验课的目的与意义

（1）通过实验课，让学生掌握土壤理化性质测试的基本操作技术、分析方法及原理，强化和巩固所学理论知识。

（2）通过实验课，培养学生的操作能力、观察能力、分析能力、独立思考和解决问题的能力。

（3）通过实验课，培养学生实事求是的科学态度和严谨的思维方式，为今后的科研工作奠定基础。

二、土壤学实验课的要求

（1）实验课开始前，学生必须认真预习实验指导，回顾已学过的相关理论知识，初步掌握实验的目的、基本原理、主要仪器和试剂、操作步骤及注意事项。

（2）进入实验室前应穿好实验服，不迟到，不早退，实验期间不得借故外出。如有特殊情况需要离开实验室，应征得指导教师同意。

（3）进入实验室后，师生要遵守实验室各项规章制度。对号入座，不得随意更换座位，应保持安静，不得嬉戏打闹。实验开始前，要仔细检查仪器和试剂是否齐全，如有缺损，要及时报告实验指导老师，不得随意乱拿仪器和试剂。实验期间不得进行任何与实验无关的活动。

（4）实验过程中，学生应细心准确地进行各项操作，要仔细观察各种现象，并做好记录；要保持实验操作台的清洁卫生，随时清除污物，不得放置与实验无关的物品；注意节约各种实验材料，共用仪器或试剂在使用完毕后应放回原处；注意实验小组内的团结、配合与分工协作，保证实验操作井然有序。

（5）实验结束后，学生应将实验仪器清洗干净，放到实验老师指定的位置，对于需要回收的废液，要根据要求转入废液收集瓶内，做好实验室的清洁卫生，经实验老师清点检查完毕后才能离开实验室。

（6）按照要求及时完成实验报告，实验报告要求书写认真、文字工整、数据真实且结果分析翔实，对数据处理结果及所观察到的现象的分析要有理有据，不得妄自非议；不得抄袭他人的实验报告。

实验一
土壤机械组成的测定——简易比重计法

土壤是由大小不同的土粒按不同的比例组合而成的，这些不同粒级的颗粒总是以各种比例关系组成土壤，这种比例关系就称为土壤的机械组成或颗粒组成。土壤机械组成对土壤的水、肥、气、热状况都有深刻的影响，是进行土壤分类、土壤改良和指导农业生产的重要依据。土壤机械组成数据是确定土壤质地、估算土壤比面和评价土壤结构性的基础资料。

土壤机械组成测定方法主要有吸管法和比重计法。吸管法较精确，但操作烦琐；比重计法操作较简单，适合大批量测定，但精确度相对于吸管法略低。在没有特殊要求的情况下，常采用比重计法测定土壤机械组成。采用比重计法测定时，需要绘制曲线，时效上较慢。而简易比重计法，对同一工厂出品的同型号比重计可以不进行比重计校正，相对于常用的比重计法更简便快速，但精确度更低，可用于测定土壤机械组成，定性土壤质地。

一、实验原理

土壤样品经处理制成悬浮液，根据斯托克斯定律（ Stokes law，1845 ），用特制的甲种土壤比重计（鲍氏比重计）于不同时间测定悬浮液密度的变化，并根据沉降时间、沉降深度及比重计读数计算出土粒粒径大小及其含量百分数。

无论是吸管法还是比重计法，测定土壤机械组成一般都分为分散、筛分和沉降三个步骤。

（一）土粒分散——土壤的复粒变成单粒

除风砂土和碱土外，绝大部分土壤是在各种胶结物质（腐殖质、无机胶体及盐类等）的作用下相互团聚而成的。采用一定的分散剂把土壤样品中的复粒分散成单粒的土壤悬液，然后再进行不同粒级的分选。根据分析要求的精度不同，用于分散土粒的方法也有所不同。

1. 除去有机质

土壤中含有的有机质会影响测定结果，通常采用过氧化氢（H_2O_2）破坏土壤中的有机质。

$$C（有机质）+ 2H_2O_2 \longrightarrow CO_2\uparrow + 2H_2O$$

2. 脱钙和淋失量的测定

对于含碳酸盐的土壤样品，需要用盐酸（HCl）处理脱钙，稀盐酸不仅可以溶解游离的碳酸钙（$CaCO_3$）和其他胶结剂，还能够利用 H^+ 代换有凝聚作用的 Ca^{2+}、Al^{3+} 等，并淋洗土壤溶液中的溶质。用草酸（$H_2C_2O_4$）及硝酸银（$AgNO_3$）检查淋洗钙的结果。

$$CaCO_3 + 2HCl \longrightarrow CaCl_2 + CO_2\uparrow + H_2O$$

$$Ca^{2+} + H_2C_2O_4 \longrightarrow 2H^+ + CaC_2O_4\downarrow$$

$$Cl^- + AgNO_3 \longrightarrow AgCl\downarrow + NO_3^-$$

在稀盐酸淋洗中，可能会淋出一部分黏粒的组分（如无定形的二三氧化物和水合氧化硅等），因此需要收集稀盐酸淋洗液进行化学分析测定。盐酸处理土壤后的洗失量处理原则如下：① 对于盐基不饱和的土壤，应把盐酸洗失量加入到"物理黏粒"中；② 对于盐基饱和的土壤，把盐酸洗失量加入到"物理砂粒"中。

3. 直接分散法

对于精度要求不高的土样，分析时采用直接分散法，并根据土壤 pH 值采用不同的分散剂。

（1）酸性土壤。

50 g 土壤样品加入 0.5 mol·L^{-1}氢氧化钠（NaOH）40 mL，氢氧化

钠的作用是中和酸度后使土壤胶体形成代换性钠的胶体。

（2）中性土壤。

50 g 土壤样品加入 0.5 mol·L^{-1}草酸钠（$Na_2C_2O_4$）20 mL。

（3）碱性土壤。

50 g 土壤样品中加入 0.5 mol·L^{-1}六偏磷酸钠（$(NaPO_3)_6$）60 mL，六偏磷酸钠的作用是在厚度为 0.002 mm 的碳酸钙表面形成不溶的胶状保护物，致使碳酸钙不再溶解。

（二）粗土粒的筛分

对于粒径大于 0.6 mm 的粗土粒，用孔径粗细不同的圆筛逐级筛分处理土样悬液，可得到不同粒径的土粒数量。常规粒径分析应该只针对直径大于 0.25 mm 的土粒进行筛分，但由于直径大于 0.1 mm 的土壤颗粒在水中沉降速度太快，用吸管吸取悬液得不到较好的结果，因此筛分范围可放宽到 0.1 mm。通过套筛，粗粒依次被截留在各个筛子上，以圆筛的孔径作为土粒的有效粒径，如通过 0.5 mm 圆筛而被截留在 0.25 mm 圆筛上的土粒，即认为是 0.25 ~ 0.5 mm 粒级，依此类推。

（三）细土粒的沉降分离

细粒部分根据颗粒半径与颗粒在静水中沉降速率的关系，计算不同粒级土粒在静水中的沉降速度，把土粒看成光滑的实心圆球，球体在介质中沉降，其沉降速度与球体半径的平方成正比，而与介质的黏滞系数成反比，即斯托克斯定律。其表达式如下：

$$v = \frac{2gr^2(d_s - d_w)}{9\eta} \tag{1.1}$$

式中：v——土粒沉降速度，cm·s^{-1}；

η——液体的黏滞系数，g·cm^{-1}·s^{-1}；

r——土粒半径，cm；

d_s——土粒密度，g·cm^{-3}，土粒密度可实测，也可取常用密度 2.65 g·cm^{-3}。

d_w——液体的密度，g·cm^{-3}；

g——重力加速度，981 cm·s^{-2}。

二、实验仪器及试剂

（一）主要仪器

鲍氏比重计（又称为甲种比重计，刻度范围为 $0 \sim 60 \, g \cdot L^{-1}$，须进行校正后使用）、搅拌棒、沉降筒（1 L 量筒）、土壤筛（2 mm）、洗筛（直径 6 cm，孔径 0.25 mm）、大漏斗（直径 7 ~ 9 cm）、温度计（±0.1 ℃）、三角瓶（500 mL）、电热板（或酒精灯、三脚架和石棉网）、烘箱、秒表、铝盒、天平（0.01 g）。

（二）主要试剂

（1）$0.5 \, mol \cdot L^{-1}$ 氢氧化钠溶液：称取 20 g 氢氧化钠（NaOH，化学纯）溶于蒸馏水，稀释至 1 L（用于酸性土壤）。

（2）$0.5 \, mol \cdot L^{-1}$ 草酸钠（$Na_2C_2O_4$）溶液：称取 35.5 g 草酸钠（$Na_2C_2O_4$，化学纯）溶于水，稀释至 1 L（用于中性土壤）。

（3）$0.5 \, mol \cdot L^{-1}$ 六偏磷酸钠（$(NaPO_3)_6$）溶液：称取 51 g 六偏磷酸钠（$(NaPO_3)_6$，化学纯）溶于水，稀释至 1 L（用于碱性土壤）。

三、实验步骤

（一）样品处理

1. 大于 1 mm 石砾的处理

将土样自然风干，拣去粗有机质、杂物等，磨碎过 1 mm 筛，大于 1 mm 的石砾装在皿器中，加蒸馏水煮沸，用带橡皮头的玻璃棒轻轻擦洗，去除浊水，再加水煮洗，如此反复进行，直至石砾上的附着物完全去除干净。将石砾移至已称重的铝盒中，放入烘箱烘干称重。再过 3 mm 筛，分别称重，计算石砾的含量百分数。

2. 风干土壤吸湿水含量的测定

将铝盒放在恒温干燥箱中于（105 ℃±2 ℃）烘约 2 h，移入干燥器内冷却至室温，称重（精确至 0.01 g）。称取土壤样品约 5 g，均匀地平铺在铝盒中，盖好，称重（精确至 0.01 g），将铝盒盖倾斜放在铝盒上，置于已预热至（105 ℃ ± 2 ℃）的恒温干燥箱中烘至恒重（至少 6 h），取出，盖好，移入干燥器内冷却至室温（约 20 min），称重（精确至 0.01 g），计算风干土吸湿水含量。

（二）悬液制备

1. 分散土样

称取过 1 mm 筛孔的风干土样 50 g 转入 500 mL 三角瓶中，根据土壤的 pH 值加入不同的分散剂（酸性土壤加 0.5 mol·L^{-1}氢氧化钠溶液 40 mL；中性土壤加 0.5 mol·L^{-1}草酸钠溶液 20 mL；碱性土壤可加 0.5 mol·L^{-1}六偏磷酸钠溶液 60 mL），加蒸馏水使悬液容积约为 250 mL，瓶口放一个漏斗，充分摇匀后静置 2 h。随后将三角瓶放在电热板上加热，微沸 1 h，要不断摇动三角瓶，防止土粒沉积在瓶底结块。

2. 大于 0.25 mm 土粒的筛选

将孔径为 0.25 mm 的洗筛放在漏斗中，将漏斗放在沉降筒上，待悬液冷却后，通过洗筛将悬液全部洗入沉降筒，用蒸馏水冲洗洗筛上的土粒，保证小于 0.25 mm 的土粒全部淋洗入沉降筒，直至洗筛下的淋洗液清澈，但要保证量筒内总水量不能超过 1 L，最后往量筒内加蒸馏水至 1 L 刻度。留在洗筛上的粗砂粒用蒸馏水洗入已称重的铝盒内，在电热板上蒸干后移入烘箱，放于（105 ℃ ± 2 ℃）的恒温干燥箱中烘至恒重（至少 6 h），移入干燥器内冷却至室温（约 20 min），称重（精确至 0.01 g），计算粗砂粒的含量百分数。

（三）测定悬液比重

将量筒置于昼夜温度变化较小的平稳实验台上。用搅拌棒搅拌悬液 1 min（上下各约 30 次，搅拌棒的多孔片不要提出液面），搅拌时，悬液若产生较多气泡，影响比重计读数时，可加数滴 95% 乙醇除去气泡。搅拌完毕后，立即开始计时，并测定悬液温度，根据表 1-1 查找待测的粒级最大直径值所对应的读数时间，在读数前 30 s 将比重计垂直地轻轻放入悬液，并用手略微扶住比重计的玻杆，防止比重计前后左右摆动。到了选定时间马上读数，并再次测试液温，要求二次测温误差不超过 0.5 ℃，否则应重新搅拌，按照上述步骤分别测出小于 0.05 mm、小于 0.01 mm、小于 0.005 mm、小于 0.001 mm 等各级土粒的比重计读数并做好记录，每次读数均以弯月面上缘为准。读数完毕后立即取出比重计，并用蒸馏水洗净，以备后用。

表 1-1　小于某粒径颗粒沉降时间表（简易比重计法）

温度/℃ ＼ 沉降时间 ＼ 颗粒直径/cm	< 0.05	< 0.01	< 0.005	< 0.001
4	1°32′	43′	2°55′	48′
5	1°30′	42′	2°50′	48′
6	1°25′	40′	2°50′	48′
7	1°23′	38′	2°45′	48′
8	1°20′	37′	2°40′	48′
9	1°18′	36′	2°30′	48′
10	1°18′	35′	2°25′	48′
11	1°15′	34′	2°25′1″	48′
12	1°12′	33′	2°20′1″	48′
13	1°10′	32′	2°15′1″	48′
14	1°10′	31′	2°15′1″	48′
15	1°8′	30′	2°15′1″	48′
16	1°6′	29′	2°5′1″	48′
17	1°5′	28′	2°0′1″	48′
18	13′	27′30″	1°55′1″	48′
19	10′	27′	1°55′1″	48′

续表

温度/°C \ 沉降时间 \ 颗粒直径/cm	< 0.05	< 0.01	< 0.005	< 0.001
20	58′	26′	1°50′1″	48′
21	56′	26′	1°50′1″	48′
22	55′	25′	1°50′1″	48′
23	54′	24′30″	1°45′1″	48′
24	54′	24′	1°45′1″	48′
25	53′	23′30″	1°40′1″	48′
26	51′	23′	1°35′1″	48′
27	50′	22′	1°30′1″	48′
28	48′	21′30″	1°30′1″	48′
29	46′	21′	1°30′1″	48′
30	45′	20′	1°28′1″	48′
31	45′	19′30″	1°25′1″	48′
32	45′	19′	1°25′1″	48′
33	44′	19′	1°20′1″	48′
34	44′	18′30″	1°20′1″	48′
35	42′	18′	1°20′1″	48′
36	42′	18′	1°15′1″	48′
37	40′	17′30″	1°15′	48′
38	38′	17′30″	1°15′	48′
39	37′	17′	1°15′	48′
40	37′	17′	1°10′	48′

注："○"表示小时，"′"表示分钟，"″"表示秒。

（四）测定值核正

（1）分散剂校正值（即每升悬液中所含分散剂的数量）：加入样品中的分散剂充分分散样品并分布在悬液中，故对 0.1 mm 的各级颗粒含量均需要校正。由于在计算中各级含量百分数由各级依次递减而算出，因此，分散剂占烘干样品质量的百分数可直接从测得最小一级的粒径含量中减去。

（2）比重计读数的温度校正：由于比重计读数时不一定为 20 ℃，因而温度不同时，必须将比重计读数加以校正。根据第二次测试的土液的实际温度查校正值表（见表 1-2）。

表 1-2　鲍氏（甲种）比重计读数的温度校正值

悬液温度/℃	校正值	悬液温度/℃	校正值	悬液温度/℃	校正值
6.0 ~ 8.5	− 2.2	18.5	− 0.4	26.5	+ 2.2
9.0 ~ 9.5	− 2.1	19.0	− 0.3	27.0	+ 2.5
10.0 ~ 10.5	− 2.0	19.5	− 0.1	27.5	+ 2.6
11.0	− 1.9	20.0	0	28.0	+ 2.9
11.5 ~ 12.0	− 1.8	20.5	+ 0.15	28.5	+ 3.1
12.5	− 1.7	21.0	+ 0.3	29.0	+ 3.3
13.0	− 1.6	21.5	+ 0.45	29.5	+ 3.5
13.5	− 1.5	22.0	+ 0.6	30.0	+ 3.7
14.0 ~ 14.5	− 1.4	22.5	+ 0.8	30.5	+ 3.8
15.0	− 1.2	23.0	+ 0.9	31.0	+ 4.0
15.5	− 1.1	23.5	+ 1.1	31.5	+ 4.2
16.0	− 1.0	24.0	+ 1.3	32.0	+ 4.6
16.5	− 0.9	24.5	+ 1.5	32.5	+ 4.9
17.0	− 0.8	25.0	+ 1.7	33.0	+ 5.2
17.5	− 0.7	25.5	+ 1.9	33.5	+ 5.5
18.0	− 0.5	26.0	+ 2.1	34.0	+ 5.8

（3）当石砾含量小于 5% 时，应将 1～3 mm 石砾含量归入砂粒之内，并包含在分析结果的 100% 之内，若大于 5%，则在质地命名时，冠以"石质性"土（见表 1-3）。

表 1-3　土壤中石质类型的分类（卡庆斯基，1972）

大于 1mm 土粒含量 /%	石质程度	石质类型
<0.5	非石质土	—
0.5～5	轻石质土	漂砾性石质
5～10	中石质土	石砾性石质
>10	重石质土	碎石性石质

四、结果计算

1. 风干土吸湿水含量的计算

$$风干土吸湿水含量(\%) = (W_2 - W_3)/(W_3 - W_1) \times 100\% \qquad （1.2）$$

式中：W_1——烘干后铝盒质量，g；

$\quad\quad W_2$——烘干前铝盒与土壤样品总质量，g；

$\quad\quad W_3$——烘干后铝盒与土壤样品总质量，g。

2. 烘干土质量的计算

$$烘干土质量(g) = \frac{风干土质量(g)}{风干土质量(g) \times 风干土吸湿水含量(\%) + 1\,000} \times 1\,000$$

$$（1.3）$$

3. 比重计读数的校正计算

$$校正后读数 = 原读数 - 校正值 \qquad （1.4）$$

$$校正值 = 分散剂校正值 + 温度校正值 \qquad （1.5）$$

$$分散剂校正值(g) = 加入的分散剂的体积(L) \times 分散剂的摩尔浓度(mol \cdot L^{-1})$$
$$\times 分散剂的摩尔质量(g \cdot mol^{-1}) \qquad （1.6）$$

4. 小于某粒径颗粒（0.25 mm 粒径以下）的累积含量的计算

$$某粒径颗粒含量(\%)=\frac{校正后读数}{烘干土质量}\times100\% \qquad (1.7)$$

相邻两粒径的土粒累积百分数值相减，即该两粒径范围内的粒组百分含量（比重计法允许平行误差小于 3%）。

【注释】

应用斯托克斯定律的前提条件有如下几点。

（1）沉降颗粒必须是球形、光滑、非弹性的，所以土壤样品必须充分分散成单粒状态。因此，采用稀盐酸洗净土壤样品中的可溶性钙、镁化合物及吸附在土壤胶体上的钙、镁离子，然后加入化学分散剂，使土壤胶体表面为钠离子所饱和，再用物理方法（如加热煮沸或研磨、振荡等）使之均匀分散成单粒状。

（2）颗粒在介质中必须是自由落体、垂直沉降，因此在进行土壤颗粒分析时，须注意勿使悬液产生涡流现象，尽量避免沉降土粒的布朗运动。

（3）沉降筒内悬液的密度，应当保证土粒在介质中自由沉降而彼此互不影响，一般以 3% 为宜，不能大于 5%。

（4）温度的改变会引起介质黏滞系数的变化，如颗粒在 20 ℃ 时的沉降速度就比在 100 ℃ 时增大 30%。所以，整个分析过程温差过大会引起介质的对流作用，而增加分析结果的误差。

（5）斯托克斯定律假设所有颗粒密度相同，但实际上只有大多硅酸盐的密度在 $2.6\sim2.7$ g·cm^{-3} 之间，其他矿物和氧化铁的密度可达到 5.0 g·cm^{-3} 或更高，所以粒径分析只是近似值。

（6）斯托克斯公式只适用于直径为 $0.002\sim0.02$ mm 的颗粒。当颗粒直径过大时，其沉降速度超过公式所允许的速度，颗粒沉降时就会产生紊流现象，而不是等速运动，故不能应用斯托克斯公式；颗粒直径过小时，在沉降时易产生布朗运动，而且，颗粒受水合作用的程度大，颗粒体积及其密度因有液合膜而发生变化，从而改变了原沉降颗粒的特性。

实验二
土壤机械组成的测定——吸管法

吸管法是土壤机械组成测定的主要方法之一。该方法是以斯托克斯定律为基础，利用土粒在静水中的沉降规律，将不同直径的土壤颗粒按不同粒级分开，加以收集、烘干、称重并计算各级颗粒百分含量。

一、实验原理

对粒径较粗的土粒（大于 0.25 mm）一般采用筛分法，逐级分离出来。对粒径较细的土粒（小于 0.1 mm），需要先把土粒充分分散，然后让土粒在一定容积的液体中自由沉降，根据粒径愈大沉降愈快的原理，采用斯托克斯定律计算出某一粒径的土粒沉降至某一深度需要的时间，在规定时间内用吸管在相应深度吸取一定体积的悬液，该悬液中所含土粒的直径则必然都小于计算所确定的粒级直径。将吸出悬液烘干称重，计算百分含量。根据不同粒径的百分含量确定土壤机械组成及土壤质地。

二、实验仪器及试剂

（一）仪器

土壤颗粒分析吸管仪、搅拌棒、沉降筒（1 L 量筒）、土壤筛、三角瓶（500 mL）、天平（感量 0.000 1 g，0.01 g）、电热板、秒表、温度计、烘箱、烧杯（250 mL，50 mL）、量筒、漏斗、漏斗架、真空干燥器。

（二）试剂

（1）0.5 mol·L^{-1}氢氧化钠溶液：称取 20 g 氢氧化钠（NaOH，化学纯），用蒸馏水定容至 1 L。

（2）0.25 mol·L^{-1}草酸钠溶液：称取 33.5 g 草酸钠（Na$_2$C$_2$O$_4$，化学纯），加蒸馏水溶解后定容至 1 L。

（3）0.5 mol·L^{-1}六偏磷酸溶液：称取 51 g 六偏磷酸钠（(NaPO$_3$)$_6$，化学纯），加蒸馏水溶解后定容至 1 L。

（4）0.2 mol·L^{-1}盐酸溶液：取浓盐酸（化学纯）25 mL，用蒸馏水稀释至 1500 mL 混匀。

（5）0.05 mol·L^{-1}盐酸溶液：取 0.2 mol·L^{-1}盐酸（HCl）溶液 250 mL，用蒸馏水稀释至 1 L。

（6）10% 盐酸溶液：取 10 mL 浓盐酸（HCl，化学纯），加 90 mL 蒸馏水混合。

（7）6% 过氧化氢溶液：取 20 mL 30% 过氧化氢（H$_2$O$_2$，化学纯），加入 80 mL 蒸馏水混合均匀。

（8）10% 氢氧化铵溶液：取 1:1 氢氧化铵溶液 20 mL，加入 80 mL 蒸馏水混合均匀。

（9）10% 醋酸溶液：取 10 mL 冰醋酸（化学纯），加入 90 mL 蒸馏水混合均匀。

（10）10% 硝酸溶液：取 10 mL 浓硝酸（HNO$_3$，化学纯），加入 90 mL 蒸馏水混合均匀。

（11）4% 草酸铵溶液：取 4 g 草酸铵（化学纯），溶于 100 mL 蒸馏水中。

（12）5% 硝酸银溶液：称取 5 g 硝酸银（AgNO$_3$，化学纯），溶于 100 mL 蒸馏水中。

（13）异戊醇（(CH$_3$)$_2$CHCH$_2$CH$_2$OH，化学纯）。

（14）浓硫酸。

三、实验步骤

（一）样品处理

1. 称样

称取 4 等份通过 1 mm 筛孔的风干样品 10 g（精确至 0.01 g），一份土样测定吸湿水（无需除去有机质），一份测定盐酸洗失量，另两份测定土壤机械组成（结果求其平均值）。

2. 大于 1 mm 的石砾处理

将大于 1 mm 的石砾放入 10 ~ 12 cm 直径的蒸发皿内，加蒸馏水煮沸，随时搅拌，煮沸后倒出上部浑浊液，再加蒸馏水煮沸，再倒出上部浑浊液，直至上部全为清水为止。将蒸发皿内石砾烘干称重，而后通过 3 mm 及 2 mm 筛，分级称重，计算各级石砾含量。

3. 去除有机质

对于含大量有机质又需去除有机质的样品，应使用过氧化氢去除有机质。其方法是将上述 3 份样品分别移入 250 mL 烧杯中，加少量蒸馏水，使样品湿润。然后加 6% 的过氧化氢，用玻璃棒搅拌，当气泡量过大时，须立即滴加戊醇消泡，避免样品损失，按上述方法操作，直至无气泡产生，过量的过氧化氢用加热法排除。

4. 去除碳酸盐

当样品中含有碳酸盐时，需用盐酸脱钙。其方法是分次滴加 0.2 mol·L^{-1} 盐酸于 250 mL 烧杯中，直至无气泡（CO_2）产生为止。为避免烧杯中盐酸浓度降低，需要不断倒出上部清液，然后继续加入 0.2 mol·L^{-1} 盐酸，直至样品中的碳酸盐全部分解。经上述处理后的样品，尚需用 0.5 mol·L^{-1} 盐酸过滤淋洗，淋洗时应注意，必须使上一次加入的盐酸滤干后，再加盐酸，这样可以缩短淋洗时间，如此反复淋洗，直至滤液中无钙离子反应为止。

5. 检查钙离子的方法

吸取约 5 mL 滤液转入小试管，滴加 10% 氢氧化铵中和，再加数滴

10% 醋酸酸化，使呈微酸性，然后加几滴 4% 草酸铵（可稍加热），若有白色草酸钙沉淀物，即表示有钙离子存在，需继续淋洗；如无白色沉淀，则表示样品中已无钙离子。

交换性钙淋洗完毕后，再用蒸馏水洗除氯化物及盐酸，直至无氯离子存在。某些土壤，特别是黏土，在清洗氯离子的过程中，其滤液常出现浑浊现象。这是因为电解质洗失后，土壤趋于分散，胶粒透过滤纸进入滤液所致。所以在淋洗过程中，如发现滤液浑浊，即表明土壤胶体透过滤纸，此时说明氯离子含量已极微，应立即停止洗涤，以免胶体损失，影响分析结果的准确性。

6. 检查氯离子的方法

吸取约 5 mL 滤液转入小试管，滴加 10% 硝酸，使滤液酸化，然后加 5% 硝酸银 1 ~ 2 滴，若有白色氯化银沉淀物，即表示有氯离子存在，应继续淋洗。如无白色沉淀物，则表明滤液中无氯离子。

（二）制备悬液

将经上述处理后的两份样品，分别洗入 500 mL 的三角瓶中，加入 10 mL 0.5 mol·L^{-1} 氢氧化钠，并加蒸馏水至 250 mL，盖上小漏斗，于电热板上煮沸，煮沸后需保持 1 h，使样品充分分散。冷却后将悬液通过孔径洗筛，并用橡皮头玻棒轻轻地搅拌土粒，用蒸馏水冲洗，使小于 0.25 mm 的土粒全部洗入沉降筒中，直至筛下流出的水澄清为止，但洗水量不能超过 1 000 mL。而大于 0.25 mm 的砂粒则移入铝盒中，烘干后称重，计算粗砂粒（0.25 ~ 1 mm）占烘干样品质量的含量。

对于不需要去除有机质及碳酸盐的样品，则可直接称取样品 10g，放入 500 mL 三角瓶中，加蒸馏水浸泡过夜。然后根据样品的 pH 加入不同分散剂煮沸分散 （方法参见实验一）。

（三）样品悬液的吸取

（1）将已洗入沉降筒内的悬液加蒸馏水定容至 1 000 mL 刻度后放于操作台上。

（2）测定悬液温度后，按斯托克斯定律计算各粒级在水中沉降25 cm、10 cm所需的时间，确定吸液时间，如表2-1所示。

表2-1　小于某粒径颗粒沉降时间表（简易比重计法）

土粒直径/mm	< 0.05	< 0.05	< 0.01	< 0.005	< 0.001
取样深度/cm	25	10	10	10	10
温度/°C			时　间		
5	2′50″	1′3″	28′9″	1°52′37″	46°55′19″
6	2′44″	1′6″	27′18″	1°49′12″	45°30′3″
7	2′39″	1′4″	26′28″	1°45′52″	44°6′39″
8	2′34″	1′2″	25′41″	1°42′45″	42°48′48″
9	2′30″	1′0″	24′57″	1°39′47″	41°34′40″
10	2′25″	58″	24′15″	1°36′58″	40°24′15″
11	2′21″	57″	23′33″	1°34′14″	39°15′40″
12	2′17″	55″	22′54″	1°31′38″	38°10′48″
13	2′14″	54″	22′18″	1°29′11″	37°9′38″
14	2′10″	52″	21′42″	1°26′49″	36°10′20″
15	2′7″	51″	21′8″	1°24′31″	35°12′52″
16	2′4″	49″	20′35″	1°22′22″	34°19′7″
17	2′0″	48″	20′4″	1°20′17″	33°27′14″
18	1′57″	47″	19′34″	1°18′17″	32°37′11″
19	1′55″	46″	19′5″	1°16′22″	31°49′0″
20	1′52″	45″	18′38″	1°14′30″	31°2′40″
21	1′49″	44″	18′11″	1°12′44″	30°18′11″
22	1′47″	43″	17′45″	1°11′1″	29°35′22″
23	1′44″	42″	17′21″	1°9′23″	28°54′24″
24	1′42″	41″	16′57″	1°7′46″	28°54′24″
25	1′39″	40″	16′34″	1°6′15″	27°36′23″
26	1′37″	39″	16′12″	1°4′46″	26°59′19″
27	1′35″	38″	15′50″	1°3′21″	26°23′44″
28	1′33″	37″	15′30″	1°1′59″	25°49′26″

注："°"表示小时，"′"表示分钟，"″"表示秒。

（3）记录开始沉降时间和各级吸液时间。用搅拌器搅拌悬液 1 min（一般为上下各 30 次），搅拌结束时间就是开始沉降时间。在吸液前就将吸管放于规定深度处，再按所需粒径与预先计算好的吸液时间提前 10 s 开启活塞吸悬液 25 mL。吸取 25 mL 悬液约需 20 s，速度不可太快，以免产生涡流影响颗粒沉降。将吸取的悬液移入有编号的已知质量的 50 mL 小烧杯中，并用蒸馏水洗净吸管内壁附着的土粒，全部移入 50 mL 小烧杯中。对于含有机质多而没有去除有机质的样品，在搅拌时会产生气泡，而影响吸管刻线的观察，因而必须立即滴加戊醇消泡。

（4）将盛有悬液的小烧杯放在电热板上蒸干，然后放入烘箱，在 105～110 ℃ 下烘至恒重，取出置于真空干燥器内，冷却 20 min 后称重。

四、结果计算

（一）小于某粒径颗粒百分含量的计算

$$小于某一粒径土粒含量(\%) = \frac{W_1}{W} \times \frac{1\,000}{V} \times 100\% \qquad (2.1)$$

式中：W_1——25 mL 吸液中土粒质量，g；

W——烘干土样质量，g；

V——吸取液体积，25 mL。

（二）风干土吸湿水含量的计算

$$风干土吸湿水含量(\%) = (W_2 - W_3)/(W_3 - W_1) \times 100\% \qquad (2.2)$$

式中：W_1——烘干后铝盒质量，g；

W_2——烘干前铝盒与土壤样品总质量，g；

W_3——烘干后铝盒与土壤样品总质量，g。

（三）盐酸洗失量及其百分含量的计算

$$盐酸洗失质量(g) = 烘干样品质量(g) - \\ 盐酸淋洗后样品烘干质量(g) \qquad （2.3）$$

$$盐酸洗失含量(\%) = \frac{盐酸洗失质量（g）}{烘干样品质量（g）} \times 100\% \qquad （2.4）$$

（四）分散剂质量校正

分散剂校正值（g）＝加入的分散剂的体积（L）×分散剂摩尔浓度（$mol \cdot L^{-1}$）×分散剂的摩尔质量（$g \cdot mol^{-1}$）。

【注释】

（1）本方法不适用于有机质含量很高的土壤，对有机质含量较高的土壤，应去除有机质后再测定。

（2）样品一定要分散均匀；在冲洗土壤样品时，防止超过定容体积。

（3）计算结果一定要扣除分散剂的影响。

实验三
土壤密度的测定——比重瓶法

　　土粒密度是指单位容积固体土粒（不包括粒间空隙的容积）的质量，也称为土壤比重或土壤真比重。土壤密度可以用于计算土壤孔度、土壤三相组成以及估算土壤的矿物组成。土壤比重与土壤密度在数值上相等，但土壤比重是指土粒密度与标准大气压下、温度为 4 ℃ 时的水密度（ 1.0 g·cm^{-3} ）的比值，无量纲，而土壤密度的单位为 g·cm^{-3}。

　　土壤密度的大小主要取决于土壤中的矿物质组成和有机质含量。土壤中氧化铁和各种重矿物含量多时则土壤密度增高，而有机质含量高时土壤密度降低。大多数土壤的土壤密度在 2.6 ~ 2.7 g·cm^{-3} 之间，常规工作中多取其平均值 2.65 g·cm^{-3} 作为"常用密度值"。这一数值很接近砂质土壤中存在的石英密度，各种铝硅酸盐黏粒矿物的密度也与此值相近。

一、实验原理

　　将已知质量的土样放入蒸馏水（或其他非极性液体）中，排出空气，求得由土壤置换出的液体体积。以烘干土质量除以求得的土壤固相体积，即得土粒密度。

二、实验仪器及试剂

　　比重瓶（50 mL）、天平（感量 0.001 g）、恒温干燥箱、电热板、铝盒、小漏斗、真空干燥器、温度计、沙盘。

三、实验步骤

（一）风干土质量的测定

将铝盒放于（105 ℃±2 ℃）恒温干燥箱中烘约 2 h，移入干燥器内冷却至室温，称重（精确至 0.01 g）。称取土壤样品约 5 g，均匀地平铺在铝盒中，盖好，称重（精确至 0.01 g），将铝盒盖倾斜放在铝盒上，置于已预热至（105 ℃±2 ℃）的恒温干燥箱中烘至恒重（至少 6 h），取出，盖好，移入干燥器内冷却至室温（约 20 min），称重（精确至 0.01 g），计算风干土吸湿水含量，进一步计算风干土的质量。

（二）比重瓶与水的总质量

将比重瓶洗净，注满冷却的无气水（比重瓶内不得有气泡），测量瓶内水温 t_1（准确到 0.1 ℃），塞上毛细管塞，擦干瓶外壁，称取此温度下比重瓶与水的总质量。若比重瓶已校正过，则此步骤可略去。

（三）比重瓶、水与土样的总质量

（1）称取通过 2 mm 筛的风干土约 10 g（精确至 0.001 g），由小漏斗转入 50 mL 的比重瓶内，向装有土样的比重瓶中加入蒸馏水，至水和土样的体积占比重瓶内容积的 1/3 ~ 1/2 处为宜，慢慢摇动比重瓶，排出土壤中的空气，使土样充分湿润，与水均匀混合。

（2）将比重瓶放于砂盘上，在电热板上加热，沸腾后保持微沸 1h，煮沸过程中要经常摇动比重瓶，确保土壤中的空气完全排出。

（3）煮沸结束后，从砂盘上取下比重瓶，稍冷却后加入无气水至比重瓶水面略低于瓶颈为止。待比重瓶内悬液澄清且温度稳定后，加满无气水。然后塞好瓶塞，使多余的水自瓶塞毛细管中溢出，用滤纸擦干后称重（精确至 0.001 g），同时用温度计测定瓶内的水温 t_2。

四、结果计算

（一）风干土吸湿水含量的计算

$$风干土吸湿水含量(\%) = (W_2 - W_3)/(W_3 - W_1) \times 100\% \quad （3.1）$$

式中：W_1——烘干后铝盒质量，g；

$\quad\quad W_2$——烘干前铝盒与土壤样品总质量，g；

$\quad\quad W_3$——烘干后铝盒与土壤样品总质量，g。

（二）烘干土质量的计算

$$烘干土质量（g）= \frac{风干土质量（g）}{风干土质量（g）\times 风干土吸湿水含量（\%）+1\,000} \times 1\,000 \quad （3.2）$$

（三）土壤密度的计算

$$d_s = \frac{m}{m + m_1 - m_2} \times \frac{d_{w1}}{d_{w0}} \quad （3.3）$$

式中：d_s——土壤密度，$g \cdot cm^{-3}$；

$\quad\quad m$——烘干土质量，g；

$\quad\quad m_1$——t_1 ℃ 时比重瓶和水的总质量，g；

$\quad\quad m_2$——t_1 ℃ 时比重瓶、水以及土样的总质量，g；

$\quad\quad d_{w1}$——t_1 ℃ 时蒸馏水密度，$g \cdot cm^{-3}$；

$\quad\quad d_{w0}$——4 ℃ 时蒸馏水密度，取 $1\,g \cdot cm^{-3}$。

当 $t_1 = t_2$ 时，无需校正，按式（3.3）计算土壤密度。当 $t_1 \neq t_2$ 时，必须将温度为 t_2 时比重瓶与水的总质量校正至 t_1 ℃ 时比重瓶与水的总质量。由表 3-1 查得 t_1 和 t_2 温度下水的密度，忽略温度变化所引起的比重瓶的胀缩，t_1 和 t_2 时水的密度差乘以比重瓶容积（V）即可得到由 t_2 换算到 t_1 时比重瓶中水重的校正数。比重瓶的容积由式（3.4）求得：

$$v = \frac{m_3 - m_0}{d_{w2}} \quad （3.4）$$

式中：V——比重瓶体积，cm^3；

m_3——$t_2\ ^\circ C$ 时比重瓶和水的总质量，g；

m_0——比重瓶质量，g；

d_{w2}——t_2 时水的密度，$g \cdot cm^{-3}$。

表 3-1　不同温度下水的密度　　　单位：$g \cdot cm^{-3}$

温度/°C	密　度	温度/°C	密　度	温度/°C	密　度	温度/°C	密　度
0~1.5	0.999 9	13	0.999 40	23	0.997 56	33	0.994 73
2~4	1.000 00	14	0.999 27	24	0.997 32	34	0.994 40
5	0.999 99	15	0.999 13	25	0.997 07	35	0.994 06
6	0.999 97	16	0.998 97	26	0.996 81	36	0.993 71
7	0.999 93	17	0.998 80	27	0.996 54	37	0.993 36
8	0.999 88	18	0.998 62	28	0.996 26	38	0.992 99
9	0.999 81	19	0.998 43	29	0.995 97	39	0.992 62
10	0.999 73	20	0.998 23	30	0.995 67	40	0.992 24
11	0.999 63	21	0.998 02	31	0.995 37		
12	0.999 52	22	0.997 80	32	0.995 05		

校正为 $t_1\ ^\circ C$ 时比重瓶和水的总质量的公式为

$$m_1 = m_3 + (d_{w1} - d_{w2}) \times V \eqno(3.5)$$

将校正后的 m_1 带入土壤密度公式进行计算。

【注释】

（1）特殊土样的土粒密度测定。

测定含可溶性盐及活性胶体较多的土壤的土壤密度时，土壤样品应先在（105 ℃ ± 2 ℃）烘箱内烘干，并用非极性液体（如苯、甲苯、汽油、煤油等）代替无气水，用真空抽气法排出土样中的空气，抽气过程要保持接近一个大气压的负压，抽气时间不得少于 0.5 h，并经常摇晃比重瓶，直至无气泡逸出为止。停止抽气后仍需在干燥器中静置 15 min以上。其余步骤同上。土壤密度按式（3.6）计算：

$$d_s = \frac{m}{m + m_1 - m_2} \times \frac{d_k}{d_{w0}}$$

（3.6）

式中：d_s——土壤密度，$g \cdot cm^{-3}$；

　　　m——烘干土质量，g；

　　　m_1——t_1 ℃时比重瓶和惰性液体的总质量，g；

　　　m_2——t_1 ℃时比重瓶、惰性液体以及土样的总质量，g；

　　　d_k——t_1 ℃时液体的密度，$g \cdot cm^{-3}$；

　　　d_{w0}——4 ℃时蒸馏水密度，取 1 $g \cdot cm^{-3}$。

在用非极性液体代替水进行比重测定而不知液体密度时，可将此液体注满比重瓶后称重，并测量液体温度，以液体质量除以比重瓶容积，计算此液体在该温度下的密度。

（2）比重瓶的校正方法。

在无恒温设备或日温差较大的情况下，或者欲简化试验时的恒温步骤，可以预先测求比重瓶和水的总质量与温度变化的关系，绘制比重瓶校正曲线。在测定土粒密度时就可以根据试验时的温度，直接从曲线上查出比重瓶和水的总质量。

① 主要仪器。比重瓶（容量 50 mL 或 100 mL）、天平（感量 0.001 g）、温度计（±0.01 ℃）、电热板、恒温水槽。

② 操作步骤。a. 洗净比重瓶，置于（105 ℃±2 ℃）烘箱中烘干，取出放入干燥器中，冷却后称其质量（精确至 0.001 g）。b. 向比重瓶内加入无气水，使水面至标准刻度。c. 将盛水的比重瓶全部放入恒温水槽中，控制温度，使槽中水的温度自 5 ℃ 逐步升高到 35 ℃。在各不同温度下，调整各比重瓶液面至标准刻度（或达到瓶塞口），然后塞紧瓶塞，擦干比重瓶外部，称其质量（精确至 0.001 g）。d. 用上述称得的各不同温度下相应的比重瓶和水的总质量的数值作纵坐标，以温度为横坐标，绘制出比重瓶校正曲线。每一比重瓶都必须作相应的校正曲线（见图 3-1）。

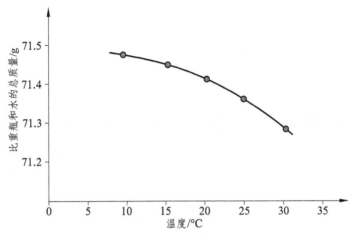

图 3-1　比重瓶校正曲线

（3）注意事项。

① 煮沸时温度不可过高，否则易造成液体溅出。

② 风干土样都含有不同数量的水分，需测定土样的风干含水量；用惰性液体测定比重的土样，须用烘干土而不是风干土进行测定，并且所用液体须经真空除气。

③ 真空抽气也可替代煮沸法排出土壤中的空气，并且可以避免在煮沸过程中由于液体溅出而引起的误差，同时较煮沸法快。

实验四
土壤容重和孔隙度的测定——环刀法

土壤容重是指单位容积土壤（包括粒间孔隙）的质量，又称土壤假比重，其数值小于土壤比重。土壤容重的大小取决于土壤质地、结构性、松紧程度、有机质含量及土壤管理等因素。砂土中的孔隙粗大但数目较少，总孔隙度小，土壤密度较大，土壤密度多在 $1.4 \sim 1.7$ g·cm^{-3} 之间；黏土中的孔隙细小但数目多，总孔隙度大，土壤密度较小，多在 $1.1 \sim 1.6$ g·cm^{-3} 之间；壤土的土壤密度介于二者之间。土壤容重值的用处较多，可以计算土壤孔隙度、土壤质量、土壤养分储量、灌水或排水定额等。

一、实验原理

用一定容积的环刀（一般为 100 cm^3，见图 4-1）采集土壤结构未破坏的原状土壤，使土样充满其中，烘干后称量计算单位容积的烘干土质量。

盖

环刀

环刀托

底

图 4-1 环刀示意图

二、实验仪器及试剂

环刀（容积为 100 cm³）、环刀托、天平（感量为 0.1 g 和 0.01 g）、烘箱、干燥器、削土刀、小土铲、小木槌、铝盒、凡士林。

三、实验步骤

（1）采样前，在环刀的内壁均匀地涂上一层薄薄的凡士林，称取环刀质量（精确至 0.1 g）。

（2）选定好土壤剖面后，按剖面层次，由下至上用环刀在每层的中部采样。如果只测定耕层土壤容重，可不挖土壤剖面。将取样面用削土刀削平，直接取样。

（3）将环刀托套在环刀无刃的一端，环刀刃放在取样面上，均衡用力地压环刀拖，将环刀垂直压入土中，待整个环刀压入土中，并且土面即将触及环刀托的顶部（可由环刀托上的小洞观察）时，停止下压。如土壤较硬，环刀不易压入土中时，可用木槌轻轻均匀地垂直敲打环刀托，直至完全进入土壤。

（4）用小土铲挖去环刀周围的土壤，用削土刀将环刀下方的土壤切断，并确保环刀下方留有多余的土壤。取出环刀后，手持环刀托，小心地将环刀翻转过来，使环刀刃口朝上，用削土刀迅速刮去黏附在环刀外壁上的土壤，然后由刃口边缘向中心旋转，削去多余的土壤，使之与刃口齐平，盖上环刀底盖，再次翻转环刀，使刃口一端垂直向下，一只手托住环刀底盖紧握环刀，另一只手握住环刀托，用力使环刀和环刀托紧密靠紧，同时旋转环刀托数圈，随后取下环刀托，盖上顶盖。将装有土壤样品的环刀迅速装入木箱带回实验室，称重。

（5）称重后，迅速用已知质量的铝盒称取一定量的土壤样品（精确至 0.01 g），测定土壤含水量。也可将环刀顶盖斜放在环刀上，直接置于（105 ℃ ± 2 ℃）的恒温干燥箱中烘至恒重，利用烘干土样质量与环刀体积求得土壤容重。

四、结果计算

（一）土壤含水量的计算

$$土壤含水量(\%) = \frac{湿土质量（g）-干土质量（g）}{湿土质量（g）} \times 100\%$$ （4.1）

（二）土壤容重的计算

$$d = \frac{(m-m_1) \cdot (1-w)}{V \cdot 100}$$ （4.2）

式中：d——土壤容重，$g \cdot cm^{-3}$；

   m——环刀及湿土质量，g；

   m_1——环刀质量，g；

   V——环刀容积，$100 \ cm^3$；

   w——样品含水量，%。

（三）土壤总孔隙度的计算

$$土壤总孔隙度(\%) = \left(1 - \frac{土壤容重}{土壤比重}\right) \times 100$$ （4.3）

【注释】

（1）本方法不适用于坚硬和易碎土壤容重和孔隙度的测定。测定土壤容重的方法还有蜡封法、水银排出法、填砂法和射线法（双放射源）等。蜡封法和水银排出法主要测定一些呈不规则形状的坚硬土壤和易碎土壤的土壤容重；填砂法比较复杂且费时，多用于石质土壤的测定；射线法需要特殊仪器和防护设施。

（2）如果测定土壤容重时，同时测定田间持水量，则环刀内壁不涂凡士林。

实验五
土壤含水量的测定

　　土壤水是土壤的重要组成部分，也是影响土壤肥力的主要因素。土壤含水量的多少，直接影响土壤的固、液、气三相比，以及土壤的理化性质。在土壤分析工作中，由于土壤理化性质的分析结果的换算多以烘干土为基准，因此需要测定湿土或风干土的水分含量。土壤水分含量在农业生产中是进行土壤水分管理（如确定灌溉定额）的重要依据。

一、实验原理

　　将土样置于（105 ℃±2 ℃）的烘箱中烘（或用酒精燃烧将土壤水分气化）至恒重，即可使其所含水分（包括吸湿水）全部蒸发殆尽，以此求算土壤水分含量。

二、实验仪器及试剂

　　天平（感量 0.01 g）、烘箱、铝盒、干燥器、滴管、土样、酒精（分析纯）、火柴。

三、实验步骤

（一）烘干法

（1）将铝盒编号后置于温度为（105 ℃±2 ℃）的烘箱内烘干 3~5 h，

此时铝盒盖可斜放在铝盒上或平放在盒下。烘干后，从烘箱中取出，并盖好盖子放在干燥器中冷却至室温，取干燥铝盒称重（精确至 0.01 g）。

（2）加新鲜土样或风干土样 15～20 g 于铝盒中称重（精确至 0.01 g）；将铝盒放入烘箱，铝盒盖斜放在铝盒上或平放在铝盒下，在（105 ℃±2 ℃）下烘 8 h，取出后加盖放在干燥器中冷却后称重（精确至 0.01 g），按上述方法再烘 2～4 h，取出冷却后称重，重复以上操作直至恒重，计算土壤含水量。

（二）酒精燃烧法

（1）将铝盒编号后置于温度为（105 ℃±2 ℃）的烘箱内烘 3～5 h，此时铝盒盖可斜放在铝盒上或平放在盒下。烘干后，从烘箱中取出，并盖好盖子放在干燥器中冷却至室温，取干燥铝盒称重（精确至 0.01 g）。

（2）加新鲜土样 10 g 于铝盒中称重（精确至 0.01 g）；用滴管吸取酒精均匀地滴在土样上，确保土样均被润湿（不要一次加入过多酒精），点燃酒精，燃烧完毕后，待铝盒稍冷却后，再重复 2 次以上操作，冷却后称重（精确至 0.01 g），计算土壤含水量。

四、结果计算

（一）土壤含水量（分析基）的计算

$$\text{土壤含水量（分析基）}(\%) = \frac{m_1 - m_2}{m_1 - m_0} \times 100\% \tag{5.1}$$

式中：m_0——烘干前空铝盒的质量，g；

m_1——烘干前铝盒及土样质量，g；

m_2——烘干后铝盒及土样质量，g。

（二）土壤含水量（烘干基）的计算

$$\text{土壤含水量（烘干基）}(\%) = \frac{m_1 - m_2}{m_2 - m_0} \times 100\% \tag{5.2}$$

式中：m_0——烘干前空铝盒的质量，g；

m_1——烘干前铝盒及湿土质量，g；

m_2——烘干后铝盒及干土质量，g。

【注释】

（1）土壤含水量是相对于土壤一定质量或容积的水量分数或百分比，不是土壤所含的绝对含水量，因此也称为土壤含水率。

（2）烘干法和酒精燃烧法均不适用于有机质含量大的土壤，因为在高温条件下有机质会被氧化损失。有机质含量大于 8% 的土样，不宜采用烘干法测定土壤含水量；有机质含量大于 3% 的土样，不宜采用酒精燃烧法测定土壤含水量。

（3）由于土壤水在田间分布不均所造成较大的田间取样的变异系数为 10%或更大，所以烘干法和酒精燃烧法所测得的土壤含水量代表性较差，为了避免取样误差和降低采样变异系数的影响，采样时应按土壤基质特征如土壤质地和土壤结构分层取样并增加采样的重复次数来弥补其代表性的不足。

（4）质地较轻的土壤，烘干时间可以缩短，即 5~6 h。含水量很高的黏质土壤必要时可再烘烤 3~4 h，前后两次称的质量相差不大于 0.05 g，即恒定的质量。

实验六
土壤最大吸湿量的测定——饱和硫酸钾法

在空气相对湿度接近饱和的条件下，风干土所能吸收的气态水分子的最大量，即土壤最大吸湿量，又称为吸湿系数。土壤吸湿水含量的多少与空气相对湿度、土壤质地及土壤有机质含量等有关。测定土壤最大吸湿量，可以了解土壤比表面的大小，估算土壤的稳定凋萎含水量（萎蔫系数）。

一、实验原理

用硫酸钾饱和溶液在干燥器中模拟相对湿度接近饱和（98%~99%）的空气状态，将风干土壤放入其中，充分吸湿，测定最大吸湿量。

二、实验仪器及试剂

仪器：天平（感量 0.001g）、称量瓶（ϕ5 cm、高 3 cm）、干燥器、烘箱。

试剂：称取 11~15 g 的硫酸钾（K_2SO_4，化学纯）溶于 100 mL 水中，制成饱和硫酸钾溶液。

三、实验步骤

（1）称取通过 2 mm 筛孔的风干土样 5~20 g（黏土和有机质含量多

的土壤为 5 ~ 10 g，壤土和有机质较少的土壤为 10 ~ 15 g，砂土和有机质含量极少的土壤为 15 ~ 20 g，精确至 0.001 g ），转入已知质量的称量瓶中，平铺在称量瓶底。

（2）将称量瓶放入干燥器有孔瓷板上，将瓶盖打开斜放在瓶上，称量瓶勿靠近干燥器壁。干燥器下部盛有饱和硫酸钾溶液（每 1 g 土样放入约 3 mL 饱和硫酸钾溶液 ）。将干燥器盖好后，放置在温度稳定处，保持恒温 20 ℃。

（3）一周后，将称量瓶加盖从干燥器中取出，立即在天平上称量（精确至 0.001 g ），然后重新放入干燥器中，使其继续吸湿，以后每隔 2 ~ 3 d 按照前述方法称量一次，直至达到恒定质量（前后两次质量之差不超过 0.005g ），计算时可取其最大值。

（4）将最大吸湿量达到恒定质量的土样，置于（105 ℃ ± 2 ℃ ）的烘箱中烘干至恒定质量，计算土壤最大吸湿量。

四、结果计算

$$最大吸湿量(\%) = \frac{m_1 - m_2}{m_2 - m_0} \times 100\% \qquad (6.1)$$

式中：m_0——称量瓶质量，g；

　　　m_1——98% 相对湿度饱和后的湿土样加称量瓶质量，g；

　　　m_2——烘干后土样加称量瓶质量，g。

实验七
土壤毛管持水量的测定

土壤中粗细不同的毛管孔隙连通在一起形成复杂的毛管体系。土壤毛管上升水达到最大含水量时的土壤含水量，即毛管持水量，又称为最大毛管水量。毛管上升水的高度对农业生产有重要意义，当地下水位较高时，毛管持水量对植物是有效的；地下水位过低时，因植物的根系不能接触到毛管上升水，故对植物生长无效。

一、实验原理

用环刀采取原状土，使其下部受到水的浸润，水分通过毛管力的作用沿毛管孔隙上升至恒重，测定原状土的含水量，该含水量即土壤毛管持水量。

二、实验仪器及试剂

环刀、天平（感应量为 0.01 g）、烘箱、铝盒、托盘、干燥器。

三、实验步骤

（1）在野外用环刀采取原状土样，用削土刀削去两端多余的土，在两端盖上盖子，带回室内，到实验室后打开两端的盖子，环刀刃口处套上垫有滤纸的有孔底盖，浸入托盘内。土样毛管孔隙充水时间因土壤质地而异，一般砂土需要 4 h，壤土需 8 h，黏土需 12～24 h。

（2）毛管孔隙充水时间达到饱和后，取出环刀，用滤纸吸干环刀外部的水分，立即称重（精确至 0.1 g），将环刀放回托盘继续吸水，一定时间后（砂土 2 h，黏土 4 h）再次称重，直至恒重。

（3）从恒重的环刀内取 15～20 g 土样放入已知质量的铝盒，立即称重（精确至 0.01 g），在（105 ℃±2 ℃）烘箱内烘至恒重，计算含水量，此含水量即土壤毛管持水量。

本实验要进行平行实验，重复 2～3 次，每次允许误差为±5%，取算术平均值。

四、结果计算

$$土壤毛管含水量(\%) = \frac{m_1 - m_2}{m_2 - m_0} \times 100\% \qquad （7.1）$$

式中：m_0——烘干空铝盒的质量，g；

m_1——烘干前铝盒及湿土质量，g；

m_2——烘干后铝盒及干土质量，g。

【注释】

该方法只能测定直接处于地下水平面上的毛管水，毛管水活动层下部的毛管持水量随着高度的增加，毛管持水量也有所降低。为了测定整个毛管水活动层中水分分布曲线，需要从地下水面开始，向上逐层测定土壤含水量，直到毛管水活动层上限为止。

实验八
土壤萎蔫系数的测定

土壤萎蔫系数是指植物发生永久凋萎时的土壤含水量。通常把土壤萎蔫系数看作土壤水的下限，此时所含的水分形态为全部吸湿水和部分膜状水。田间持水量是土壤有效水的上限，因此田间持水量与萎蔫系数之间的差值即土壤有效水最大含量。不同土壤由于质地、结构、有机质及盐分含量的差异，其萎蔫系数也不同。一般土壤质地越黏重，萎蔫系数越大，不同作物和同一作物在不同生育阶段，其萎蔫系数也有一定的差别。土壤萎蔫系数是研究土壤水分状况、土壤改良及灌溉的重要指标。萎蔫系数的测定一般有两种方法：一种是间接测定法，另一种是直接测定法。

一、实验原理

（一）间接测定法

间接测定法是指根据不同土壤质地和水分常数计算求得萎蔫系数。通常用最大吸湿水含量乘以一个系数得到。其系数为 1.34 ~ 2.0，若土质偏砂质则乘以 1.34，偏壤质乘以 1.5，偏黏质乘以 2.0。这种计算法只能求得其近似值，不能反映作物本身的多样性。

（二）直接测定法

直接测定法也叫生物测定法，即直接进行植物生长试验求出萎蔫系数。

（1）测定幼苗的萎蔫系数：当幼苗发生永久萎蔫时，测定其土壤的含水量，即幼苗的萎蔫系数。这种方法能较准确地反映不同作物的特点，但不能反映作物在不同发育阶段的特殊性。

（2）测定作物在不同生育阶段的萎蔫系数。

二、实验仪器及试剂

木箱（内放湿锯末，使箱内水汽饱和）、温度计、塑料管、烧杯、种子（棉种种子或其他作物种子）、营养液（2.8 g 磷酸氢铵（$NH_4H_2PO_4$）、3.5 g 硝酸钾（KNO_3）、5.4 g 硝酸铵（NH_4NO_3））溶于 1 L 水中。

三、实验步骤

（一）种子前处理

将选好的籽粒饱满的种子进行催芽处理，即放入清水中浸泡 48 h，每 12 h 换水 1 次。

（二）装土

将通过 2 mm 孔径的风干土均匀装满烧杯（杯高 6～7 cm，直径 4～5 cm），杯中插入一根直径为 0.5 cm、长为 8 cm 的塑料管，以便浇水时烧杯底层空气可排出。采用棉线引水的方式用营养液将烧杯中的土壤浸湿。

（三）种植

在湿润的表层土壤下 2 cm 处种 5～6 粒催芽过的种子，覆土后称重并记录，杯口用厚纸盖住，以免表土水分蒸发。出苗后，每个烧杯定株 3 棵，将烧杯放在光线充足处（避免烈日直射），待幼苗生长到与杯口齐平时，杯口用蜡纸封住，纸面对应植株的地方留小孔，幼苗即可由此长出。纸与杯壁接合处封上石蜡，然后在蜡纸上盖一薄层石英砂，防止土表蒸发，排气的塑料管口用棉花塞上。

在生长过程中，每天早、中、晚观察室温和生长情况，并每隔5～6 d称重1次（如杯内水分蒸发过多，则可进行第二次灌水）。当第二片真叶长得比第一片真叶大时，视为幼苗根已分布于杯内的整个土体，此时可进行试验（也可最后灌一次水）。然后将杯子移到没有阳光直射的地方，直到第一次凋萎（叶子下垂）。

当植株出现凋萎后，将杯子移入木箱内，经过一昼夜观察，如凋萎现象消失，即把杯子放回原处，待凋萎现象再次出现后，再把杯子放入箱内，如此反复观察，直到植株不再复原，就可认为幼苗已达到永久凋萎。

（四）取样分析

去除石蜡、土表2 cm的土层、植株及根系，参照测定土壤吸湿水的方法，所测定的杯中土壤的含水量即萎蔫系数。

四、结果计算

$$\text{土壤萎蔫系数} = \frac{\text{萎蔫点土样质量} - \text{烘干样品质量}}{\text{烘干样品质量}} \times 100\% \qquad （8.1）$$

【注释】

装填的土壤不要过于疏松，最好接近田间土壤容重值，这样更接近实际土壤状况。

实验九
土壤田间持水量的测定——威尔科克斯法

土壤田间持水量是指土壤毛管悬着水达到最大量时的含水量，它包括吸湿水、膜状水和毛管悬着水。田间持水量的大小取决于土壤质地、结构、有机质含量、松紧度及耕作状况等。土壤田间持水量是计算土壤的有效含水量、不同作物在不同生长期的土壤适宜含水量和确定灌溉定额的重要依据，是农业生产上十分有用的水分常数。

一、实验原理

原状土样在充分吸水饱和后，将其置于沙盘上，在重力作用下，土体中的重力水向下流动，当土壤吸力所保持的水分达到平衡时，用烘干法测定土体中的含水量，即得出土壤田间持水量。

二、实验仪器及试剂

天平（感量 0.01 g）、环刀（容积 100 cm³）、烘箱、水盆、铝盒、干燥器、土壤筛（孔径 1 mm）、滤纸、小圆塑料布等。

三、实验步骤

（1）在野外用环刀采取原状土样，用削土刀削去两端多余的土，两端盖上盖子，带回室内，到实验室后打开两端的盖子，环刀刃口处套上垫有滤纸的有孔底盖，浸入水盆中饱和一昼夜（水面比环刀上缘低1~2 mm，防止空气封闭在土里影响测定结果）。

（2）在同一采样土层采土样500 g，风干后过1 mm筛孔，装入另一环刀内，装土时要轻拍击实，装满并略高于环刀。

（3）将装有饱和水分的土样的环刀底盖打开，连同滤纸一起放在装有风干土的环刀上，环刀土口套上套环，并盖一小块塑料布，以防水分蒸发，为使两个环刀接触紧密，在塑料布上须压上适当质量的重物（一对环刀用3块砖头压实）。

（4）经过8 h的吸水过程后，从装有原状土的环刀内取土15~20 g放入已知质量的铝盒，立即称重（精确至0.01 g），在（105 ℃±2 ℃）烘箱内烘至恒重，计算含水量，此含水量即土壤田间持水量。

本实验要进行平行实验，重复2~3次，每次允许误差为±1%，取算术平均值。

四、结果计算

$$土壤田间含水量(\%) = \frac{m_1 - m_2}{m_2 - m_0} \times 100\% \qquad (9.1)$$

式中：m_0——烘干空铝盒的质量，g；

m_1——烘干前铝盒及湿土质量，g；

m_2——烘干后铝盒及干土质量，g。

实验十
土壤导热率的测定

土壤具有将所吸收热量传递到邻近土层的性质，这就是土壤的导热性。土壤导热率（K_q）影响土壤热量传递的快慢，进而影响土壤热量在土体内的传输和土壤温度状况，是土壤重要的热参数。土壤导热率的大小主要取决于土壤孔隙的多少和含水量的多少，当土壤干燥缺水时，土粒间的土壤孔隙被空气占领，导热率就小；反之，导热率就大。

一、实验原理

在室内采用在土壤内插入加热棒的方式，使土壤升温，测定土壤温度随时间的变化，根据公式（10.1）求解土壤导热率。导热率的单位为 J /（cm · s · ℃）。在稳态情况下，土壤热通量为

$$q = K_q \frac{T_1 - T_0}{r \cdot \ln \dfrac{r_0}{r_1}} \tag{10.1}$$

加热器圆柱的几何学半径 $r = r_0$（r_0 为加热器半径，cm），此处温度高于 r_1（加热器中心到温度计 1 处的半径，cm）处的温度，热源发出热的热通量应为

$$q = \frac{I^2 R}{\pi r L} \tag{10.2}$$

式中：I——通过加热器的电流强度，A；

R——加热器工作电阻，Ω；

L——加热器长度，cm。

二、实验仪器及设备

金属圆筒（直径 50 m，高 40 cm）、温度计、圆柱形电加热器（100 W）、石棉布。

三、实验步骤

（1）取一直径为 50 cm、高为 40 cm 的金属圆筒，底部铺上石棉布作隔热层，根据加热器高度设计土层高度，将加热器放于圆筒中心，按一定容重加入风干土样。在土样上面再铺上一层石棉布。距中心加热器 5 cm、10 cm、15 cm、20 cm 处插入温度计。通电加热土壤。

（2）记录温度计的温度，直到土壤中热流为稳态流（各温度计温度不随时间而变化）。稳态情况下，量取通过加热器的电流强度（I）、工作电阻（R）、加热器的长度（L）和半径（r）。

四、结果计算

$$K_q = -\frac{I^2 R \cdot \ln \dfrac{r_1}{r_0}}{2\pi L (T_1 - T_0)} \qquad (10.3)$$

式中：I——通过加热器的电流强度，A；

R——加热器工作电阻，Ω；

r_0——加热器半径，cm；

r_1——加热器中心到温度计 1（T_1）处的半径，cm；

L——加热器长度，cm；

T_1——土壤中热流为稳态流时的温度，℃；

T_0——土壤初始温度，℃；

π——圆周率，3.1416。

【注释】

（1）风干土的填装要均匀，容重值尽量接近田间值。

（2）插入温度计时要小心，防止折断，并使其插入到土柱心土层，插入深度保持一致。

实验十一
土壤热容量的测定

土壤热容量是指单位质量或容积的土壤每升高（或降低）1 ℃ 所吸收（或放出）的热量。一般以 C 代表质量热容量，单位为 J / (g · ℃)；C_v 代表容积热容量，单位为 J / (cm^3 · ℃)；C 与 C_v 的关系是 $C = C_v · \rho$（ρ 为土壤容重）。土壤热容量是重要的土壤热参数，其大小受土壤物质组成的影响，新鲜土壤的热容量主要取决于土壤含水量的大小，而土壤固相热容量基本保持不变，主要受土壤的固相组成和结构特性影响。土壤气体组成对土壤热容量的影响可以忽略。准确测定土壤固相的热容量有助于研究土壤热运动规律。

一、实验原理

采用量热法测定，在绝热条件下，土壤与温水混合过程中从温水中吸收的热量（忽略容器本身吸收和放出的热量，并且忽略因搅拌做功转变的热量）等于温水冷却释放的热量，来计算土壤热容量。

二、实验仪器与设备

量热器（量热器由隔热筒和隔热筒内的金属圆筒及金属圆筒内的搅拌器与温度计组成，如图 11-1 所示）、热敏电阻温度计或其他高精度温度计（精度 ±0.1 ℃）、搅拌器、天平（感量 0.01 g）。

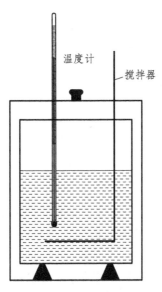

图 11-1　量热器构造图

三、实验步骤

（1）用天平称 100 g 干砂土（精确到 0.01 g，在 105 °C 下烘至恒重），测定其温度，要求精确到 0.2 °C，可采用热敏电阻温度计测定。

（2）准确量取 42~45 °C 温水 200 mL（或 200 g），倒入量热器中，立刻盖上量热器盖，准确量取温度。

（3）把干砂土迅速倒入量热器中，盖好盖后，通过搅拌器搅拌 10~20 min，搅拌时注意不要使水溢出，搅拌均匀后量取悬液，若测定黏重土壤或有机质含量高的土壤，则不能将干土样与水简单混合，因为此类土壤的吸附作用强，将其放入水中时会放出吸附热，但可用湿土样来测定，然后再确定干样的热容量。

四、结果计算

$$C_w(T_{w1} - T_{w0})m_w = C_s(T_{w0} - T_{s1})m_s \tag{11.1}$$

47

式中：C_w——水的质量热容量，$J/(g\cdot\text{℃})$；

C_s——土壤的质量热容量，$J/(g\cdot\text{℃})$；

T_{w1}——温水温度，℃；

T_{w0}——平衡系统温度，℃；

T_{s1}——土壤最初温度，℃；

m_w——水的质量，g；

m_s——土壤的质量，g。

【注释】

（1）土壤倒入量热器后，要迅速盖好量热器盖，保证量热器密封好，减少测定过程中土壤悬液热量的损失。搅拌过程中要防止水溢出。

（2）测定时间不宜过长，尤其在气温很低的冬季。

（3）对于黏质土或有机质含量较高的土壤，先称取一定量的干土，加入一定量的纯净水，使其呈湿润状态(使其含水量在其萎蔫系数以上)，然后再按上述步骤测定。将结果扣除加入水的热容量，即可求得干土的热容量。

实验十二
土壤团聚体的测定

土壤团聚体是指通过各种自然过程的作用而形成的直径小于 10 mm 的结构单位。它是由胶体的凝聚、胶结和黏结相互联结的土壤原生颗粒组成，通常分为大团聚体（土粒直径大于 0.25 mm）和小团聚体（土粒直径小于 0.25 mm），根据水稳性不同，团聚体又可分为水稳性团聚体和非水稳性团聚体。水稳性团聚体大多是钙、镁、腐殖质胶结起来的颗粒，因为腐殖质是不可逆凝聚的胶体，其胶结起来的团聚体在水中振荡、浸泡、冲洗而不易崩解，仍维持原来的结构；而非水稳性团聚体则是由黏粒胶结或电解质凝聚而成，当放入水中时，就迅速崩解为组成土块的各颗粒成分，不能保持原来的结构状态。土壤团聚体的数量可以直接反映土壤肥力的高低。

一、实验原理

土壤中各级大团聚体的组成测定是将土样放在由不同孔径组成的一套筛子上进行干筛，然后计算各粒径大团聚体的百分组成。水稳性大团聚体组成的测定，是将土样放在同样的一套筛子上，然后在水中浸泡、冲洗一定的时间，最后计算各级水稳性大团聚体风干质量百分数和各级水稳性大团聚体含量占总水稳性大团聚体含量的百分数。

二、实验仪器

团粒分析仪（每套筛子孔径为 5.0 mm、2.0 mm、1.0 mm、0.5 mm 及 0.25 mm，在水中上下振动 30 次 · min^{-1}）、天平（感量 0.01 g）、铝盒、电热板、洗瓶。

三、实验步骤

（一）样品的采集与处理

（1）野外采样：注意土壤湿度，不宜过干或过湿，最好在土壤不黏附工具、接触不易变形时采集。采样要有代表性，采样面积为 10 cm² 左右，深度视需要而定，剖面发生层由下至上分层采样；一般耕作层分两层采样，取样点不少于 10 个，采样量为 1.5 ~ 2.0 kg，尽量不破坏土壤结构，样品放在固定容器（盒）内运回室内。

（2）室内剥样：先将带回来的样品风干，待稍干时把土块沿自然结构面轻轻地剥成直径约为 10 mm 的小块，避免受机械压力而变形，去除石块、石砾及明显的根系等有机物质。风干（不宜太干）备用。

（二）干筛法测定非水稳性大团聚体组成

（1）将团粒分析仪的筛组（孔径为 5.0 mm、2.0 mm、1.0 mm、0.5 mm 及 0.25 mm）按筛孔大的在上、小的在下依次套好。

（2）采用四分法取风干土样 200 g（精确至 0.01 g），将土样分数次加入筛组的最上层，加盖，用手摇动筛组，使土壤团聚体按其大小筛到下面的筛子内。当小于 5 mm 团聚体全部被筛到下面的筛子内后，拿去 5 mm 筛，用手摇动其他 4 个筛。当小于 2 mm 团聚体全部被筛下去后，拿去 2 mm 的筛子，按此法逐级筛选。筛完后将各级筛子上的样品分别称重（精确至 0.01 g），计算各级团聚体占风干土样的百分比。

（三）湿筛法测定水稳性大团聚体组成

（1）根据干筛法求得各级团聚体的含量（$g \cdot kg^{-1}$），把干筛分取的风干样品按比例配 50 g 土样。例如，样品中 2 ~ 5 mm 粒级干筛法含量为 200 $g \cdot kg^{-1}$，则分配该级称样量为 50 g×200 $g \cdot kg^{-1}$ = 10 g；若 0.5 ~ 1 mm 的粒级干筛法含量为 50 $g \cdot kg^{-1}$，则分配该级称样量为 50 g× 50 $g \cdot kg^{-1}$ = 2.5 g。

（2）为防止湿筛时堵塞筛孔，故不将小于 0.25 mm 的团聚体倒入准备湿筛的样品中，但计算取样数量和进行其他计算时都需要计算这一数值。

（3）将孔径为 5 mm、2 mm、1 mm、0.5 mm、0.25 mm 的筛组依次套好，孔径大的在上面，并将已称好的样品置于筛组上。

（4）将筛组置于团粒分析仪的振荡架上，放入已经加水的水桶中，水的高度至筛组最上面一个筛子的上缘部分，在团粒分析仪工作时的整个振荡过程中不可超离水面。开动马达，振荡 30 min。

（5）将振荡架慢慢升起，使筛组离开水面，待水淋干后，将留在各级筛上的团聚体洗入已知质量的铝盒中，倾去上部清液。铝盒中各级水稳性大团聚体放在电热板上烘干，然后在大气中放置一昼夜，使其呈风干状态，称量（精确至 0.01 g）。

四、结果计算

（一）各级非水稳性大团聚体含量

$$各级非水稳性大团聚体含量（\%）=\frac{各级非水稳性大团聚体质量（g）}{土样质量（g）}\times 100\%$$

（12.1）

（二）各级非水稳性大团聚体含量的总和

各级非水稳性大团聚体含量的总和=总非水稳性大团聚体含量。

（12.2）

（三）各级水稳性大团聚体含量

$$各级水稳性大团聚体含量(\%)=\frac{各级湿筛团聚体风干质量（g）}{土样质量（50 g）}\times 100\%$$

（12.3）

（四）结构保持率

$$结构保持率(\%)=\frac{大于0.25 mm各级湿筛团聚体风干质量（g）}{大于0.25 mm各级干筛团聚体质量（g）}\times 100\%$$

（12.4）

【注释】

（1）干筛法测定的土样不宜太湿或太干，以潮润为适度，即以土壤不黏铲子，用手捻时土块能捻碎，放在筛子上时又不黏在筛子上为宜。

（2）必须进行平行（重复）试验，次数 2～5 次，平行绝对误差应不超过 3%。

（3）在进行湿筛时，应将土样均匀地分布在整个筛面上。将筛子放到水桶里时，应慢放，避免团粒从筛中冲出。

实验十三
土壤微团聚体的测定

土壤中粒径小于 0.25 mm 的团聚体称为微团聚体。测定土壤微团聚体有助于了解土壤中由原生颗粒所形成的微团聚体在浸水状况下的结构性能和分散强度。根据土壤微团聚体测定结果与土壤颗粒分析结果中的小于 0.002 mm 的粒级含量可计算出土壤的结构系数和分散系数。土壤分散系数用来表示土壤微团聚体在水中被破坏的程度,分散系数愈大,表明土壤的微结构的水稳性愈差,其保水保肥力就受到很大影响。在实际生产中,常用增施有机肥料、改变土壤颗粒组成(如砂土中掺入黏土)、施用土壤结构改良剂等措施改善土壤的微结构,提高土壤的结构性能。

一、实验原理

土壤微团聚体测定是根据斯托克斯定律,利用不同直径微团聚体的沉降时间不同,将悬液分级提取。所不同的是在颗粒分散时,为了保持土壤的微团聚体免遭破坏,在分散过程中只用物理措施处理(振荡)分散样品,而不加入化学分散剂。

二、实验仪器及试剂

分析天平(感量 0.000 1 g)、振荡机、土壤颗粒分析吸管、沉降筒(1 L 量筒)、三角瓶(500 mL)、铝盒、洗筛(0.25 mm)、温度计(±0.1 ℃)、大漏斗、吸耳球、橡皮塞。

三、实验步骤

（一）称样

称取过 1 mm 筛孔的风干土样 10 g(精确至 0.000 1 g)放于 500 mL 三角瓶中，加 200 mL 蒸馏水，浸泡 24 h。另称取 10 g 土样，用烘干法测定土壤含水量。

（二）振荡分散

将盛有样品的三角瓶用橡皮塞塞紧，放于水平振荡器中固定，以防振荡过程中容器破裂、样品损失。开动振荡器（200 次·min^{-1}），振荡 2 h。

（三）悬液制备

在 1L 量筒上放一个大漏斗，其中放一个孔径为 0.25 mm 的洗筛，将振荡后的土液通过洗筛，用蒸馏水洗入 1 L 量筒中，并定容至 1 L。在过筛时，切忌用橡皮头玻璃棒搅拌或擦洗，以免破坏样品的微团聚体。筛内大于 0.25 mm 粒径的团聚体则洗入已知质量的铝盒内，烘干称其质量并计算百分数。将橡皮塞塞紧沉降筒口，然后将沉降筒上下颠倒 1 min（上下各 30 次），使悬液均匀分布。

（四）悬液的吸取和处理

将盛悬液的量筒放在温度变化小的平稳桌上，并避免阳光直接照射。将温度计悬挂在有悬液的沉降筒中，记录水温（℃），即悬液的温度。根据悬液温度、土粒密度、水的密度与颗粒直径，按照斯托克斯定律计算各粒级水中沉降 25 mm、10 mm 或 8 mm 所需的时间（见表 13-1），即吸液时间。

吸取悬液的负气压源以 −0.05 MPa 为宜，有各种稳压装置，这里不再介绍，最简单的方法是用吸耳球代替。在吸液时间前 10 s 接通气源，吸取 25 mL 悬液约需 20 s，速度不可太快，以免影响颗粒沉降规律。

表 13-1　土壤颗粒分析吸管法吸取各粒级时间表（美国制）

土粒密度	粒径/mm	吸湿深度/cm	在不同温度下吸取悬液所需时间														
			10 °C			12.5 °C			15 °C			17.5 °C			20 °C		
			h	min	s	h	min	s	h	min	s	h	min	s	h	min	s
2.40	0.05	25		2	51		2	39		2	29		2	20		2	12
	0.02	25		17	50		16	38		15	33		14	35		13	42
	0.002	8	9	31	15	8	53	7	8	17	42	7	47	1	7	18	27
2.45	0.05	25		2	45		2	34		2	24		2	15		2	7
	0.02	25		17	13		16	4		15	1		14	5		13	14
	0.002	8	9	11	39	8	34	24	8	0	29	7	30	54	7	3	25
2.50	0.05	25		2	39		2	28		2	19		2	11		2	3
	0.02	25		16	39		15	32		14	31		13	37		12	47
	0.002	8	8	53	7	8	17	17	7	44	34	7	15	55	6	49	18
2.55	0.05	25		2	34		2	24		2	15		2	7		1	59
	0.02	25		16	7		15	2		14	2		13	11		12	23
	0.002	8	8	36	2	8	1	16	7	29	34	7	1	52	6	36	6
2.60	0.05	25		2	29		2	19		2	10		2	2		1	55
	0.02	25		15	36		14	33		13	36		12	46		12	0
	0.002	8	8	19	54	7	46	13	7	15	32	6	48	42	6	23	44
2.65	0.05	25		2	25		2	15		2	7		1	59		1	52
	0.02	25		15	8		14	7		13	11		12	23		11	38
	0.002	8	8	4	45	7	32	5	7	2	21	6	36	19	6	12	8
2.70	0.05	25		2	20		2	11		2	3		1	55		1	45
	0.02	25		14	41		13	42		12	48		12	1		11	17
	0.002	8	7	50	31	7	18	48	6	49	56	6	24	40	6	1	11
2.75	0.05	25		2	16		2	7		1	59		1	52		1	49
	0.02	25		14	16		13	19		12	26		11	40		10	59
	0.002	8	7	37	4	7	6	16	6	38	13	6	13	41	5	50	55
2.80	0.05	25		2	13		2	4		1	56		1	49		1	43
	0.02	25		13	53		12	57		12	6		11	21		10	40
	0.002	8	7	24	22	6	54	26	6	27	10	6	3	19	5	46	9

　　将吸取的悬液全部移入已知质量的铝盒中，并用蒸馏水冲洗吸管壁，使吸附在吸管壁上的团聚体全部冲入小烧杯内。然后将悬液在电热板上

蒸干（特别小心防止悬液溅出），再移至（105～110 ℃）烘箱中烘至恒重，称量（感量 0.000 1 g）吸取的各级团聚体质量，并计算各微团聚体的百分比。

四、结果计算

（一）风干土样吸湿水含量的计算

$$风干土吸湿水含量（\%）=(W_2-W_3)/(W_3-W_1)\times100\%$$

（13.1）

式中：W_1——烘干后铝盒质量，g；

W_2——烘干前铝盒与土壤样品总质量，g；

W_3——烘干后铝盒与土壤样品总质量，g。

（二）小于某粒径微团聚体含量百分数的计算

$$某粒级微团聚体含量(\%)=\frac{m_1}{m}\times\frac{1\ 000}{V}\times100\%$$

（13.2）

式中：m_1——吸液中小于某粒径微团聚体的烘干质量，g；

m——土壤样品烘干质量，g；

V——吸管容积，25 mL。

（三）土壤分散系数的计算

$$分散系数(\%)=\frac{a}{b}\times100\%$$

（13.3）

式中：a——土壤微团聚体分析结果中小于 0.001 mm 的粒级含量，%；

b——土壤机械分析结果中小于 0.001 mm 的粒级含量，%。

（四）土壤结构系数的计算

$$结构系数（\%）=1-分散系数（\%）$$

（13.4）

【注释】

（1）微团聚体结构较土壤颗粒成分疏松，土粒密度也稍小，所以同一直径的微团聚体比土粒沉降得慢些。一般情况下，土壤中既有微团聚体，也有土壤原生颗粒，两者沉降速度不一样。因此，按照斯托克斯定律，以 2/9 为计算系数计算的测定结果较实际稍高。

（2）Na^+ 或 NH_4^+ 离子能使微团聚体全部或大部分分散成单粒。

（3）盐渍化土壤的微团聚体分析，直接用水处理会引起土样的分散，故必须预先另外准备 40 g 土样，加 1 200 mL 水，摇匀，放置过夜，取其上部清液代替水，供微团聚体测定用。

（4）试验表明，当振荡频率为每分钟振荡 200 次时，只需振荡 2 h 就可得到土壤微团聚体样品的标准液。

（5）分散系数与结构系数这两项指标及其计算公式只能供研究和鉴定土壤形成水稳性团聚体的能力和土壤微团聚体稳定性时参考。这些计算公式只适用于壤土组至黏土组等重质地土壤，而在砂土组中，土壤结构系数在一定程度上是无实际意义的。

实验十四
土壤氧化还原电位的测定

　　土壤氧化还原反应是发生在土壤溶液中的一个重要的化学反应，它始终存在于岩石风化和母质成土的整个土壤形成发育过程中。当某一物质从其氧化态向还原态转化时，土壤溶液的电位也就相应地发生改变，电位的高低由溶液中氧化态物质和还原态物质的浓度比值而定，此比值称为氧化还原电位（Eh）。通过氧化还原电位可以大致了解水田土壤的通气状况，土壤中养分元素的转化及其有效性，以及水田土壤中亚铁（Fe^{2+}）、硫化氢（H_2S）和某些有机酸毒害物质出现的可能性。

一、实验原理

　　在一个氧化还原的可逆体系中，插入一惰性金属导体（如铂丝），当氧化态物质和惰性金属导体接触时，是惰性金属导体失去电子获得正电位（氧化电位）的趋势；另一方面，当还原态物质和惰性金属导体接触时，是惰性金属导体获得电子而表现为负电位（还原电位）的趋势。这两种趋势在同一个氧化还原体系中并存，如果是氧化电位大于还原电位，那么最后铂丝电位为正，反之为负，其正负的具体数值与体系的性质以及氧化态物质、还原态物质的相对浓度有关。这一关系可用能斯特（Nernst）方程式表示：

$$Eh(v) = E_0 + \frac{0.059}{n} \lg \frac{\text{氧化态物质浓度}}{\text{还原态物质浓度}}$$

　　由于单独的一个惰性金属电极不能构成回路，无法对惰性金属电位进行测量，因此在具体电位测定时，需要在溶液中另外引用一个已知其电位值的标准电极来作为参比电极，由此构成电池，以便测定两极之间的电位差，从而算出惰性金属电极的真正氧化还原电位值。一般所引用的参比电极为饱和甘汞电极，它的电位（$E_{饱和甘汞}$）为已知，见表14-1。将电位计上直接测得的两极间电位差（$E_{实测}$）换算成土壤的真实氧化还原电位（Eh）。

二、实验仪器

天平（感量0.01 g）、电位计或酸度计、铂极、饱和甘汞电极、温度计。

三、实验步骤

（一）土壤样品的预处理

实验前3天，分别称取风干的砂土、壤土及黏土各400 g，放入500 mL烧杯中，加入400 mL蒸馏水摇匀后，放置备用。

（二）用酸度计进行测定的操作步骤

（1）把铂丝电极和饱和甘汞电极固定于电极架上（注意不要把甘汞电极的金属帽直接夹在仪器的金属支架上)，调节好两极间的距离和上下位置。使铂极导线对应仪器的正极，饱和甘汞电极与负极相连。

（2）转动电源开关，根据所用电源，直流时转至DC位置，交流时转至AC的位置。把表头左下角的拨动开关拨向"mV"一边。观察指针，如不在0 mV处，可转动"零点"电位器调节，使指针为0 mV。

（3）把电极插入待测的泥浆内，铂丝部分全部埋入土壤表面以下，略加转动，使电极和泥浆密切接触，等待1~5 min，使电极电位稳定。按"测量"开关，读出电表上电位值，从表盘上所读得的数值应乘以100才是mV数值。每一土样应重复测定3~4次，取其平均值。

（4）电表上所读出的实测电位数，代表铂极上土壤氧化还原电位和饱和甘汞电极电位的差值。因此，为了求得土壤氧化还原电位，还要考虑甘汞电极的电位。根据测定时的温度，从表 14-1 中查出饱和甘汞电极的电位值，进行土壤氧化还原电位的计算。

表 14-1　饱和甘汞电极在不同温度时的电位

温度/℃	电位/mV	温度/℃	电位/mV	温度/℃	电位/mV
0	260	18	248	30	240
5	257	20	247	35	237
10	254	22	246	40	234
12	252	24	244	45	231
14	251	26	243	50	227
16	250	28	242		

四、结果计算

如以铂电极为正极，饱和甘汞电极为负极，则

$$Eh_{土壤} = E_{实测} + E_{饱和甘汞电极} \tag{14.1}$$

如以甘汞电极为正值，铂电极为负极，则

$$Eh_{土壤} = E_{饱和甘汞电极} - E_{实测} \tag{14.2}$$

【注释】

（1）如果电表指针不稳定，则可能是电极和泥浆接触不好，也可能是泥浆电位经扰动后，尚未达到平衡。应适当延长接触时间，达成稳定的平衡值后再测。如果在相当长时间内（如 0.5 h）还达不到较稳定的数值，应重新处理铂电极或另换一个铂电极。

（2）铂电极在使用前须经清洁处理，脱去电极表面的氧化膜。具体操作方法是：配制 0.2 mol/L 盐酸（HCl）-0.1 mol/L 氯化钠（NaCl）的溶液，加热至微沸，然后加入少量固体硫酸钠（NaSO₄，每 100 mL 溶液中加 0.2 g），搅匀后，将铂电极浸入，继续微沸 30 min 即可。加热过程中应适当加水使溶液体积保持不变，如果电极用得太久，表面很脏，可先用洗液或合成洗涤剂清洗，然后再进行上述处理。

（3）土壤氧化还原电位最好在田间直接测定。如果要把土壤带回室

内进行测定，须用较大容器采取原状土一块，立即用胶布或石蜡密封，迅速带回室内，打开容器后，先用刀刮去表面 1 cm 的土壤，迅速进行氧化还原电位的测定。

（4）对不同土壤、不同土层或同一土层的不同部位进行系列测定时，用同一支铂电极先测 Eh 较高的土壤再测 Eh 较低的土壤时，结果会偏高，反之，先测 Eh 较低的土壤再测 Eh 较高的土壤时，结果会偏低，而后一种情况影响更大些。因此进行系列测定时，应分别用不同铂电极进行测定，产生上述测定结果偏差的原因是铂电极表面性质的改变而造成的滞后现象。

（5）在田间淹水测定时，铂电极与甘汞电极之间距离可控制在 3 m 以内，因此，应将甘汞电极固定在一定的位置，用铂电极测定周围 3 m 之内各固定点的 Eh 值。

实验十五
土壤吸附性能的观察

　　土壤吸附性能对土壤的保肥和供肥性能有很大的影响。不同土壤的吸附性能因其质地（尤其是黏粒数量及其类型）、有机质含量、土壤酸碱度的不同而不同。土壤吸附性能好的土壤，除了能有效保存养分使其不易流失外，还对土壤酸碱性、缓冲性以及土壤其他物理性能都有一定作用。因此，了解土壤的吸附性能对农业生产具有一定的指导意义。通过观察不同土壤的物理化学吸附（代换吸附）和土壤物理吸附情况，可说明不同土壤吸附性能的差异及对不同养分离子的保存能力。

一、实验原理

　　土壤物理吸附是借助土壤表面张力将物质分子吸附在土壤颗粒表面。所以，通常对不同土壤的物理吸附性能的观察是向不同土壤中加入色素溶液，通过观察比较不同土壤用有色溶液处理的上清液的颜色深浅，即可判别不同土壤的物理吸附性能。

　　土壤的物理化学吸附是由于土壤胶体带有的电荷对离子产生的吸附，如土壤胶体对阳离子的吸附作用。土壤化学吸附又称为配位吸附或化学固定，是溶液中的离子与土壤胶体发生化学反应（沉淀、包被、络合等）而吸附在土壤胶体上的现象。向不同土壤中加入养分离子溶液，取经土壤吸附后的上清液，做一些简单的显色反应，通过观察显色液颜色的深浅即可判别上清液中所剩待测离子的多少，从而说明不同土壤物理化学吸附性能或化学吸附的强弱差异。

二、实验仪器及试剂

（一）仪器

三角瓶（50 mL，150 mL）、天平（感量为 0.01 g）、平底试管（小试管）、小漏斗、滤纸、量筒（10 mL）。

（二）试剂

0.02% 孔雀绿、1/120 mol·L^{-1} KH$_2$PO$_4$、1/80 mol·L^{-1} NH$_4$NO$_3$、25% 酒石酸钾钠、奈氏试剂、钼酸铵、SnCl$_2$ 溶液。

三、实验步骤

（一）土壤对色素分子的吸附

称取通过 2 mm 筛孔的砂土、壤土及黏土各 5 g，分别装入试管中，各加入 0.02% 孔雀绿溶液 10 mL，充分振荡后静置，然后观察比较不同样品上部清液颜色的深浅，并将观察结果按多、中、少的方式记录下来。

（二）对阴、阳离子的吸附

称取通过 2 mm 筛孔的砂土、壤土及黏土各 15 g，分别放入 150 mL 三角瓶中，各加入 1/80 mol·L 的 NH$_4$NO$_3$ 及 1/120 mol·L 的 KH$_2$PO$_4$ 15 mL，强力振荡 10 min，务必使土壤与溶液充分接触，摇匀过滤，滤液备用。

1．对 PO$_4^{3-}$ 的吸附——钼蓝比色法

取 4 支同样规格的试管，其中 3 支分别装入上述滤液各 5 mL，另一支试管取 1/120 mol·L KH$_2$PO$_4$ 溶液 2.5 mL，稀释到 5 mL，作为对照（CK），在各试管中分别加入钼酸铵试剂 6 滴，再加入 SnCl$_2$ 溶液 10 滴，摇匀，如显蓝色，说明有 PO$_4^{3-}$ 存在。观察各试管中蓝色的深浅，并将观

察结果以多、中、少、微的方式记录在表 15-1 中。

2. 对 NO_3^- 的吸附——硝酸试粉法

取 4 支同规格的试管，其中 3 支分别装入上述滤液 5 mL，另一支试管取 1/80 mol·L 的 NH_4NO_3 溶液 2.5 mL，稀释至 5 mL，作为对照（CK）。在各试管中分别加入小半勺硝酸试粉，振荡 1 min，如有 NO_3^- 存在则显红色，根据所显红色深浅判断土壤对 NO_3^- 的吸附情况，并将观察结果以多、中、少、微的方式记录在表 15-1 中。

3. 对 NH_4^+ 的吸附——奈氏比色法

取 4 支同规格的试管，其中 3 支分别装入上述滤液 5 mL，另一支试管取 1/80 mol·L^{-1} 的 NH_4NO_3 溶液 2.5 mL，稀释到 5 mL，作为对照（CK）。然后往试管中分别加入 25% 酒石酸钾钠溶液 3 滴（固定 Ca^{2+}、Mg^{2+} 成为络离子或分子），摇匀，再分别加入奈氏试剂 2 滴，摇匀，如显黄色，说明有 NH_4^+ 存在。比较黄色沉淀的多少，并将观察结果以多、中、少、微的方式记录在表 15-1 中。

表 15-1 土壤吸附性能记录表

土壤 \ 色素及阴阳离子颜色	孔雀绿	PO_4^{3-}	NO_3^-	NH_4^+
CK				
砂土				
壤土				
黏土				

【注释】

（1）在制备对阴、阳离子吸附的上清液时，务必使土壤与溶液充分接触，否则，土壤对离子的吸附不充分，将影响结果。

（2）同组试验的 4 支试管尽可能同时显色，因显色液颜色深浅往往与显色时间有关。

实验十六
土壤有机质的测定——重铬酸钾容量法
（外加热法）

　　土壤有机质是指存在于土壤中的所有含碳的有机物质，包括土壤中各种动植物残体、微生物及其分解和合成的各种有机物质。土壤有机质是土壤各种养分的重要来源，其含量的多少对土壤肥力、环境保护、农业可持续发展、土壤改良和土壤肥力评价及全球碳循环有重要的指导意义。

　　土壤有机质含量的测定方法较多，经典的方法有干烧法（高温电炉灼烧）和湿烧法（重铬酸钾氧化），通过测定释放出的 CO_2 换算出有机质含量。干烧法测定结果准确可靠，但需要一些特殊的设备，而且较为耗时，未能被广泛采用。目前，各国使用得比较多的是重铬酸钾容量法，包括稀释热法和外加热法，前者对有机碳的氧化程度低，而且受室温的影响大，后者对有机碳的氧化程度可达 90%～95%，并且不受室温影响，我国普遍采用外加热法。

一、实验原理

　　在外加热的条件下（油浴的温度持续稳定在 180 ℃，沸腾 5 min），用过量的重铬酸钾-硫酸溶液氧化土壤有机质（碳），剩余的重铬酸钾用硫酸亚铁滴定，以消耗的重铬酸钾量计算有机质的含量。本方法测得的结果，与干烧法对比，只能氧化 90% 的有机碳，因此将测得的有机碳乘以校正系数 1.724，即土壤有机质的含量，其化学反应如下：

$$2K_2Cr_2O_7 + 8H_2SO_4 + 3C \longrightarrow 2K_2SO_4 + 2Cr_2(SO_4)_3 + 3CO_2\uparrow + 8H_2O$$

$$K_2Cr_2O_7 + 6FeSO_4 \longrightarrow K_2SO_4 + Cr_2(SO_4)_3 + 3Fe_2(SO_4)_3 + 7H_2O$$

二、实验仪器及试剂

（一）仪器

分析天平（感量为 0.000 1 g）、油浴锅、铁丝笼、可调温电炉、试管架、铁架台、秒表、高温温度计、消化管、三角瓶、弯颈小漏斗、滴定管、容量瓶、移液管。

（二）试剂

（1）0.008 mol·L^{-1}（1/6K$_2$Cr$_2$O$_7$）标准溶液：将重铬酸钾（K$_2$Cr$_2$O$_7$，分析纯）在 130 ℃下烘 3~4 h 后称取 39.224 5 g 溶于纯水中，定容于 1 000 mL 容量瓶中。

（2）浓硫酸 H$_2$SO$_4$（H$_2$SO$_4$，分析纯）。

（3）0.2 mol·L^{-1} FeSO$_4$ 溶液：称取硫酸亚铁（FeSO$_4$·7H$_2$O，分析纯）56.0 g 溶于蒸馏水中，加浓硫酸 5 mL，稀释至 1 mL。

（4）邻菲罗啉指示剂：称取邻菲罗啉（分析纯）1.485 g 与 FeSO$_4$·7H$_2$O 0.695 g，溶于 100 mL 蒸馏水中。

（5）2-羧基代二苯胺指示剂：称取 0.25 g 邻苯氨基苯甲酸试剂于小研钵中研细，然后倒入 100 mL 小烧杯中，加入 0.18 mol·L^{-1} NaOH 溶液 12 mL，并用少量蒸馏水将研钵中残留的试剂冲洗入 100 mL 小烧杯中，将烧杯放在水浴上加热使其溶解，冷却后稀释定容到 250 mL，放置澄清或过滤，取其清液。

（6）Ag$_2$SO$_4$：硫酸银（Ag$_2$SO$_4$，分析纯），研成粉末。

（7）SiO$_2$：二氧化硅（SiO$_2$，分析纯），粉末状。

三、操作步骤

（1）称取通过 0.149 mm（100 目）筛孔的风干土样 0.1~1 g（精确至 0.000 1 g），转入消化管内，用移液管准确加入 0.800 0 mol·L^{-1}（1/6K$_2$Cr$_2$O$_7$）溶液 5 mL（如果土壤中含有氯化物，则须先加入 0.1 g Ag$_2$SO$_4$），再用移液管缓缓加入 5 mL 浓 H$_2$SO$_4$ 充分摇匀，管口盖

上弯颈小漏斗，以冷凝蒸出的水汽，将消化管放入铁丝笼，同时做 2 ~ 3 个空白样（以 SiO_2 代替土样，其他步骤同上）。

（2）将放有消化管的铁丝笼放入预先预热到温度为 185 ~ 190 ℃ 的石蜡油锅中，要求放入后油浴锅温度下降至 170 ~ 180 ℃，之后必须控制电炉，使油浴锅内温度始终维持在 170 ~ 180 ℃，待试管内液体沸腾产生气泡时开始计时，煮沸 5 min，取出试管（用油浴法，稍冷，为了方便清洗，用废报纸擦净试管外部油液）。

（3）冷却后，将消化管内消化液转入 250 mL 三角瓶中，用蒸馏水洗净（少量多次淋洗）试管内部及小漏斗，三角瓶内溶液总体积为 60 ~ 70 mL，保持混合液中（$1/2 H_2SO_4$）浓度为 2 ~ 3 mol·L^{-1}，然后加入 2-羧基代二苯胺指示剂 12 ~ 15 滴，此时溶液呈棕红色。用标准的 0.2 mol·L^{-1} $FeSO_4$ 滴定，滴定过程中不断摇动消化液，直至溶液的颜色由棕红色经紫色变为暗绿色（灰蓝绿色），即达滴定终点（如用邻菲罗啉指示剂，加指示剂 2 ~ 3 滴，溶液的变色过程为由橙黄变成蓝绿，再突变为砖红色即达滴定终点）。记录 $FeSO_4$ 的消耗体积。

每一批（即上述每个铁丝笼）样品测定的同时，再进行 2 ~ 3 个空白试验。记录空白样消耗 $FeSO_4$ 的体积，取其平均值。

四、结果计算

$$土壤有机质（g \cdot kg^{-1}）= \frac{cV_1(V_0 - V) \times 3 \times 1.724 \times 1.1}{mV_0} \times k \quad （16.1）$$

式中：c——0.800 0 mol·L^{-1}（$1/6 K_2Cr_2O_7$）标准溶液的浓度，mol·L^{-1}；

　　　V_1——重铬酸钾标准溶液加入的体积，mL；

　　　V_0——空白滴定用去的 $FeSO_4$ 体积，mL；

　　　V——样品滴定用去的 $FeSO_4$ 体积，mL；

　　　3——1/4 碳原子的摩尔质量，g·mol^{-1}；

　　　1.724——有机碳换算成有机质的系数；

　　　1.1——氧化校正系数；

　　　m——风干土样质量，g；

k——水分系数，即将风干土质量换算成烘干土质量的系数，$k=$
风干土质量（g）/ 烘干土质量（g）。

【注释】

（1）含有机质高于 $50\ g\cdot kg^{-1}$，称土样 0.1 g；含有机质高于 $20\ g\cdot kg^{-1}$，称土样 0.3 g；含有机质少于 $20\ g\cdot kg^{-1}$，称土样 0.5 g 以上。由于称样量较少，称样时应采用减重法以减少称样误差。

（2）土壤中氯化物的存在可使结果偏高。因为氯化物也能被重铬酸钾所氧化，因此，盐土中有机质的测定必须防止氯化物的干扰，少量氯可加少量 Ag_2SO_4，使氯根沉淀下来（生成 AgCl）。Ag_2SO_4 的加入，不仅能沉淀氯化物，而且有促进有机质分解的作用。

（3）对于水稻土、沼泽土和长期渍水的土壤，由于土壤中含有较多的 Fe^{2+}、Mn^{2+} 及其他还原性物质，它们也消耗 $K_2Cr_2O_7$，可使结果偏高，对这些样品必须在测定前充分风干。一般可把样品磨细后，铺成薄薄一层，在室内通风处风干 10 d 左右即可使 Fe^{2+} 全部氧化。长期渍水的水稻土，虽经几个月风干处理，样品中仍有亚铁反应，对于这种土壤，最好采用铬酸钾浓硫酸湿烧，即测定二氧化碳法。

（4）在测定石灰性土壤样品时，也必须缓慢加入 $K_2Cr_2O_7$-H_2SO_4 溶液，以防止由于碳酸钙的分解而引起激烈发泡。

（5）油浴锅最好不要用植物油，因为它会被重铬酸钾氧化，而可能带来误差，而矿物油或石蜡对测定无影响。当气温很低时，油浴锅预热温度应高一些（约 200 ℃）。铁丝笼应该有脚，使试管不与油浴锅底部接触。

（6）必须在试管内溶液表面开始沸腾才开始计算时间。掌握沸腾的标准尽量一致，然后继续消煮 5 min，消煮时间对分析结果有较大的影响，故应尽量计时准确。

（7）消煮好的溶液颜色，一般应是黄色或黄中稍带绿色，如果发现消化液以绿色为主，则说明重铬酸钾用量不足。另外，在滴定时消耗硫酸亚铁量小于空白用量的 1/3 时，有氧化不完全的可能，应舍弃重做。

实验十七
土壤全氮的测定——半微量开氏法

氮素是生物体生长所需的一个重要元素。土壤全氮是土壤有机态氮与无机态氮的总和，其中以有机态氮为主，无机态氮一般占全氮的 1% ~ 5%。土壤全氮量通常用于衡量土壤氮素的基础肥力并作为指导农业生产的一个重要指标。测定土壤全氮的方法主要有杜氏法和开氏法。开氏法由于仪器设备简单、操作简便省时、结果可靠、再现性好，是目前土壤农化分析测定全氮的常用方法。

一、实验原理

土样在加速剂的作用下，用浓硫酸消煮，各种含氮有机物经过复杂的高温分解反应，转化为铵态氮。碱化后蒸馏出来的氨用硼酸吸收，用标准酸溶液滴定，求出土壤全氮量（不包括全部硝态氮）。

进行硝态和亚硝态氮的全氮测定时，样品消煮前须先用高锰酸钾将样品中的亚硝态氮氧化为硝态氮后，再用还原铁粉使全部硝态氮还原，转化成铵态氮。在高温下，硫酸是一种强氧化剂，能氧化有机化合物中的碳，生成 CO_2，从而分解有机质，其化学方程式为

$$2H_2SO_4 + C \longrightarrow 2SO_2 \uparrow + CO_2 \uparrow + 2H_2O$$

样品中的含氮有机化合物，如蛋白质，在浓 H_2SO_4 的作用下，水解成氨基酸，氨基酸又在 H_2SO_4 的脱氨作用下，还原成氨，氨与 H_2SO_4 结合成硫酸铵留在溶液中。Se 的催化过程如下：

$$2H_2SO_4 + Se \longrightarrow H_2SeO_3 + 2SO_2 \uparrow + H_2O$$

$$H_2SeO_3 \longrightarrow SeO_2 + H_2O$$

$$SeO_2 + C \longrightarrow Se + CO_2 \uparrow$$

$$(NH_4)_2SO_4 + H_2SeO_3 \longrightarrow (NH_4)_2SeO_3 + H_2SO_4$$

$$3(NH_4)_2SeO_3 \longrightarrow 2NH_3 \uparrow + 3Se + 9H_2O + 2N_2 \uparrow$$

由于 Se 的催化效能高，一般常量法 Se 粉用量不超过 0.2 g，如用量过多则将引起氮的损失。以 Se 作催化剂的消化液，也不能用于氮磷联合测定。硒是一种有毒元素，在消化过程中，会放出 H_2Se。H_2Se 的毒性较 H_2S 更大，易使人中毒。所以，实验室应具有良好的通风设备，方可使用这种催化剂。

$$4CuSO_4 + 3C + 2H_2SO_4 \longrightarrow 2Cu_2SO_4 + 4SO_2 \uparrow + 3CO_2 \uparrow + 2H_2O$$

$$Cu_2SO_4 + 2H_2SO_4 \longrightarrow 2CuSO_4 + 2H_2O + \quad SO_2 \uparrow$$

当土壤中有机质分解完毕，碳质被氧化后，消化液则呈现出清澈的蓝绿色，即"清亮"，因此硫酸铜不仅起催化作用，也起指示作用。同时应该注意刚刚"清亮"并不表示所有的氮均已转化为铵，有机杂环态氮还未完全转化为铵态氮，因此消化液清亮后仍需消煮一段时间，这个过程叫"后煮"。

消化液中硫酸铵加碱蒸馏，使氨逸出，用硼酸吸收，然后用标准酸液滴定。蒸馏过程的反应：

$$(NH_4)_2SO_4 + 2NaOH \longrightarrow Na_2SO_4 + 2NH_3 \uparrow + 2H_2O$$

$$NH_3 \uparrow + H_2O \longrightarrow NH_4OH$$

$$NH_4OH + H_3BO_3 \longrightarrow NH_4 \cdot H_2BO_3 + H_2O$$

滴定过程的反应：

$$2NH_4 \cdot H_2BO_3 + H_2SO_4 \longrightarrow (NH_4)_2SO_4 + 2H_3BO_3 （紫红色）$$

二、实验仪器及试剂

（一）仪器

消煮炉、半微量定氮蒸馏装置、消化管、半微量滴定管（5 mL）、弯颈漏斗、三角瓶。

（二）试剂

（1）硫酸：$\rho(H_2SO_4) = 1.84\ g \cdot mL^{-1}$，化学纯。

（2）$10\ mol \cdot L^{-1}\ NaOH$ 溶液：称取 420 g 工业用固体 NaOH，放于硬质玻璃烧杯中，加蒸馏水 400 mL 溶解，不断搅拌以防止烧杯底角固结，冷却后倒入塑料试剂瓶，加塞，防止吸收空气中的 CO_2，放置几天，待 Na_2CO_3 沉降后，将清液虹吸入盛有约 160 mL 无 CO_2 的水中，并以去 CO_2 的蒸馏水定容至 1 L，用橡皮塞盖紧。

（3）溴甲酚绿-甲基红混合指示剂：0.5 g 溴甲酚绿和 0.1 g 甲基红溶于 100 mL 乙醇中。

（4）$20\ g \cdot L^{-1}\ H_3BO_3$：20 g H_3BO_3（化学纯）溶于 1 L 蒸馏水中。

（5）指示剂混合溶液：每 1 升 H_3BO_3 溶液中，加入溴甲酚绿-甲基红混合指示剂 20 mL，并用稀酸或稀碱调节至微紫红色（pH 为 4.5）。此指示剂现用现配，不宜久放。

（6）混合加速剂：$K_2SO_4 : CuSO_4 : Se = 100 : 10 : 1$，100 g K_2SO_4（化学纯）、10 g $CuSO_4 \cdot 5H_2O$（化学纯）和 1 g 硒粉混合研磨，通过 80 号筛充分混匀（注意戴口罩），贮于具塞瓶中。

（7）$0.02\ mol \cdot L^{-1}$（$1/2\ H_2SO_4$）标准溶液：量取 H_2SO_4（化学纯、无氮、$\rho = 1.84\ g \cdot mL^{-1}$）2.83 mL，加蒸馏水稀释至 5 000 mL，然后用标准碱或硼砂标定。

（8）$0.01\ mol \cdot L^{-1}$（$1/2\ H_2SO_4$）标准液：将 $0.02\ mol \cdot L^{-1}$（$1/2\ H_2SO_4$）标准溶液用蒸馏水准确稀释一倍。

（9）高锰酸钾溶液：25 g 高锰酸钾（分析纯）溶于 500 mL 纯水中，贮于棕色瓶中。

（10）1:1 硫酸：硫酸（化学纯、无氮、$\rho = 1.84\ g \cdot mL^{-1}$）与等体积蒸馏水混合。

（11）还原铁粉：磨细通过孔径为 0.15 mm（100 号）的筛。

（12）辛醇。

三、实验步骤

（一）土壤样品的准备

称取过 0.25 mm 孔径的风干土样 0.5～1 g（精确至 0.000 1 g），测定土样水分含量。同时做 2~3 份空白实验（除不加土样外，其他步骤与测定土样相同）。

（二）土样消煮

（1）不包括硝态氮和亚硝态氮的消煮：将土样转入干燥的消化管底部，加少量无离子水湿润土样后，加入加速剂 2 g 和浓硫酸 5 mL，摇匀，将消化管倾斜置于变温电炉上，用小火加热，待瓶内反应缓和时（10~15 min），加强火力至 375 ℃，使消煮的土液保持微沸，加热的部位不超过管中的液面，以防瓶壁温度过高而使铵盐受热分解，导致氮素损失。消煮的温度以硫酸蒸气在管颈上部 1/3 处冷凝回流为宜。待消化液和土粒全部变为灰白稍带绿色后，再继续消煮 1 h。消煮完毕后，冷却，待蒸馏。

（2）包括硝态氮和亚硝态氮的消煮：将土样送入干燥的消化管底部，加高锰酸钾溶液 1 mL，摇动开氏瓶，缓缓加入 1:1 硫酸 2 mL，不断转动消化管，然后放置 5 min，再加入 1 滴辛醇。通过长颈漏斗将（0.5 g ±0.01g）还原铁粉送入消化管底部，瓶口盖上小漏斗，转动消化管，使铁粉与酸接触，待剧烈反应停止时（约 5 min），将消化管置于电炉上缓缓加热 45 min（管内土液应保持微沸，以不引起大量水分丢失为宜）。停止加热，待消化管冷却后，通过长颈漏斗添加加速剂 2 g 和浓硫酸 5 mL，摇匀。按上述（1）的步骤，消煮至土液全部变为黄绿色，再继续消煮 1 h。消煮完毕后，冷却，待蒸馏。

（三）蒸馏

（1）蒸馏前先检查蒸馏装置是否漏气，并通过水的馏出液将管道洗净。

（2）待消化液冷却后，用少量无离子水将消化液定量地全部转入蒸馏器内，并用蒸馏水洗涤开氏瓶 4~5 次（总用水量不超过 35 mL）。若用半自动式自动定氮仪，则不需要转移，可直接将消化管放入定氮仪中蒸馏。

（3）另备 150 mL 锥形瓶，加入 20 g·L^{-1} H$_3$BO$_3$-指示剂混合液 5 mL，

放在冷凝管末端，管口置于硼酸液面以上 3～4 cm 处。然后向蒸馏室内缓缓加入 10 mol·L^{-1} NaOH 溶液 20 mL，通入水蒸气蒸馏，待馏出液体积约为 50 mL 时，即蒸馏完毕。用少量已调节至 pH 为 4.5 的蒸馏水洗涤冷凝管的末端。

（四）滴定

用 0.01 mol/L HCl 标准液滴定馏出液至由蓝绿色突变为紫红色。记录所用 H$_2$SO$_4$ 标准溶液的体积。同时进行空白消化液的蒸馏和滴定（滴定空白馏出液所消耗的体积一般不得超过 0.4 mL）。

四、结果计算

$$土壤全氮（g·kg^{-1}）=\frac{c((V-V_0))\times 0.014}{m}\times 10^3 \qquad （17.1）$$

式中：c——0.01 mol·L^{-1}（1/2 H$_2$SO$_4$）或 HCl 标准溶液浓度，mol·L^{-1}；

　　　V——滴定试液时所用酸标准溶液的体积，mL；

　　　V_0——滴定空白时所用酸标准溶液的体积，mL；

　　　0.014——氮原子的毫摩尔质量，g·mmol^{-1}；

　　　m——烘干土样的质量，g。

两次平行测定结果允许绝对相差：土壤全氮量大于 1.0 g·kg^{-1}时，不得超过 0.005%；含氮量为 0.6～1.0 g·kg^{-1}时，不得超过 0.004%；含氮量小于 0.6 g·kg^{-1}时，不得超过 0.003%。

【注释】

（1）对于微量氮的滴定，还可以用另一种更灵敏的混合指示剂，即 0.099 g 溴甲酚绿和 0.066 g 甲基红溶于 100 mL 乙醇中。如要配制成 20 g·L^{-1} H$_3$BO$_3$-指示剂溶液：称取硼酸（分析纯）20 g 溶于约 950 mL 蒸馏水中，加热搅动直至 H$_3$BO$_3$ 溶解，冷却后，加入混合指示剂 20 mL，混匀，并用稀酸或稀碱调节至紫红色（pH 约为 5），加蒸馏水稀释至 1 L 混匀备用。宜现用现配。

（2）一般应使样品中含氮量为 1.0 ~ 2.0 mg，如果土壤含氮量在 2 g·kg^{-1} 以下，应称取土样 1 g；含氮量在 2.0 ~ 4.0 g·kg^{-1} 之间，应称取土样 0.5 ~ 1.0 g；含氮量在 4.0 g·kg^{-1} 以上，应称取土样 0.5 g。

（3）对于黏质土壤样品，在消煮前须先加蒸馏水湿润使土粒和有机质分散，以提高氮的测定效果。但对于砂质土壤样品，用蒸馏水湿润与否并没有显著差别。

（4）硼酸的浓度和用量以能满足吸收 NH$_3$ 为宜，大致可按每毫升 10 g·L^{-1} H$_3$BO$_3$ 能吸收氮（N）量为 0.46 mg 计算，例如，20 g·L^{-1} H$_3$BO$_3$ 溶液 5 mL 最多可吸收的氮（N）量为 5 × 2 × 0.46 = 4.6（mg）。因此，可根据消化液中含氮量估计硼酸的用量，适当多加。

（5）在半微量蒸馏中，冷凝管口不必插入硼酸液中，这样可防止倒吸，减少洗涤手续。但在常量蒸馏中，由于含氮量较高，冷凝管须插入硼酸溶液，以免造成损失。

实验十八
土壤水解氮的测定——碱解扩散法

土壤中水解氮含量的高低大致反映出近期内土壤氮素的供应情况，与作物生长和产量有一定的相关性，可作为土壤有效氮的指标。采用碱解扩散法测定土壤中的碱解氮时，不受土壤中 $CaCO_3$ 的影响，操作简便，结果精密度较高，适用于大批样品的分析。但运用此方法测得的有效氮不包括 NO_3-N，并且水解和扩散时间较长。

一、实验原理

在扩散皿中，利用 1 mol/L NaOH 与土样在一定条件下作用，使土壤中容易水解的有机态氮转化成 NH_3，连同土壤中原有的 NH_4^+-N 一起扩散后被硼酸吸收。再用标准酸滴定硼酸吸收液中的 NH_3，由此计算土壤中碱解氮的含量。

二、实验仪器及试剂

（一）仪器

天平（感量 0.01 g）、恒温箱、扩散皿、毛玻璃、半微量滴定管（5 mL）、移液管、玻璃棒。

（二）试剂

（1）1.8 mol/L NaOH 溶液：称取 72.0 g NaOH（化学纯）溶于蒸馏

水，冷却后稀释至 1 L。

（2）碱性甘油：称量 40 g 阿拉伯胶粉与 50 mL 蒸馏水在烧杯中混合，温热至 70~80 ℃，搅拌至溶，约 1 h 后放冷。加入 20 mL 甘油和 20 mL 饱和 K_2CO_3 水溶液，搅匀，放冷。离心除去泡沫及不溶物，将清液贮于玻璃瓶中备用。

（3）溴甲酚绿-甲基红混合指示剂：0.5 g 溴甲酚绿和 0.1 g 甲基红溶于 100 mL 乙醇（95%）中。

（4）$20\ g \cdot L^{-1}\ H_3BO_3$：20 g H_3BO_3（化学纯）溶于 1L 蒸馏水中。

（5）指示剂混合溶液：每 1 升 H_3BO_3 溶液中，加入溴甲酚绿-甲基红混合指示剂 20 mL，并用稀酸或稀碱调节至微紫红色（pH 为 4.5）。此指示剂现用现配，不宜久放。

（6）0.01 mol/L HCl 标准溶液：吸取 8.5 mL 浓 HCl 加蒸馏水至 1 L，用硼砂（$Na_2B_4O_7 \cdot 10H_2O$）或 160 ℃ 烘干的 Na_2CO_3 标定其浓度（约 0.1 mol/L HCl），然后用蒸馏水准确稀释 10 倍后使用。

（7）$0.02\ mol \cdot L^{-1}$（$1/2\ H_2SO_4$）标准溶液：量取 H_2SO_4（化学纯、无氮、$\rho = 1.84\ g \cdot mL^{-1}$）2.83 mL，加蒸馏水稀释至 5 000 mL，然后用标准碱或硼砂标定。

（8）$0.01\ mol \cdot L^{-1}$（$1/2\ H_2SO_4$）标准液：将 $0.02\ mol \cdot L^{-1}$（$1/2\ H_2SO_4$）标准溶液用蒸馏水准确稀释一倍。

三、实验步骤

（1）称取过 1 mm 筛的风干土样 2 g（精确至 0.01 g），均匀地铺放在扩散皿的外室。同时进行空白实验。

（2）加指示剂。取 $20\ g \cdot L^{-1}\ H_3BO_3$-指示剂混合溶液 2 mL 放入扩散皿的内室。然后在扩散皿的外室磨口边缘上均匀地涂一薄层碱性甘油，盖上毛玻璃。

（3）慢慢转开毛玻璃，使毛玻璃的小孔对准扩散皿外室，从毛玻璃的小孔处注入 1 mol/L NaOH 溶液 10 mL，立即盖严扩散皿，并慢慢地转动扩散皿，使土粒与溶液均匀分散。然后用橡皮筋套紧（以防毛玻璃滑动），将扩散皿放入（40 ℃ ± 1 ℃）的恒温箱中，24 h 后取出。

（4）揭开毛玻璃，用 0.01 mol/L HCl 标准液滴定扩散皿内室 H_3BO_3 液吸收的 NH_3，边滴边用小玻璃棒轻轻搅动，直至溶液由蓝绿色突变为紫红色，记录所用 HCl 标准溶液的体积。

四、结果计算

$$土壤水解氮（g/kg）= \frac{c(V-V_0) \times 14}{m} \times 10^3 \qquad （18.1）$$

式中：c——0.01 mol·L^{-1} HCl 或 1/2 H_2SO_4 标准溶液浓度；

　　　V——滴定试液时所用酸标准溶液的体积，mL；

　　　V_0——滴定空白时所用酸标准溶液的体积，mL；

　　　14——氮原子的摩尔质量，g·mol^{-1}；

　　　m——风干土样的质量，g。

【注释】

（1）测定中如果要包括土壤 NO_3^--N 在内，需要在土样中加入 $FeSO_4$，并用 Ag_2SO_4 作催化剂，使 NO_3^--N 还原为 NH_4^+-N。而 $FeSO_4$ 本身要消耗部分 NaOH，所以测定时所用 NaOH 的浓度须提高一点。

（2）测定前扩散皿内室采用已调节 pH 为 4.5 的蒸馏水洗至加入的蒸馏水不再变色为止（紫红色）。然后再加入 20 g·L^{-1} H_3BO_3-指示剂混合溶液。

（3）毛玻璃的内侧也需要涂一薄层碱性甘油，但切勿涂多，以防从烘箱中取出扩散皿时，逸出的 NH_3 被毛玻璃上凝结的蒸馏水吸收，影响测定结果。

（4）大批样品测定时，可将多个扩散皿叠起，用绳扎紧，放入恒温箱，这样既可充分利用恒温箱的容积，又可减少扩散皿漏气。

实验十九
土壤全磷的测定

　　土壤全磷是指土壤中各种形态磷素的总和，可分为有机态磷和无机态磷两大类，前者占土壤全磷量的 20%～50%。土壤全磷含量的高低，主要受土壤母质、成土作用、耕作措施及磷矿石肥料施用等的影响。测定土壤全磷的含量，对于了解土壤磷素的供应状况有一定帮助，但全磷量只能说明土壤中磷的总贮量，并不能作为土壤磷素供应的指标，即全磷含量高时并不意味着磷素供应充足；但全磷含量低于某一水平时，可能意味着磷素供应不足。

一、实验原理

　　在高温条件下，土壤中含磷矿物和有机磷化合物与高沸点的 H_2SO_4 和强氧化剂 $HClO_4$ 作用，使之完全分解，全部转化为正磷酸盐而进入溶液，然后用钼锑抗比色法测定。在规定条件下，样品溶液与钼锑抗显色剂反应，生成磷钼蓝，其颜色的深浅与磷的含量成正比，用分光光度法定量测定全磷量。

二、实验仪器及试剂

（一）仪器

　　分析天平（感量为 0.000 1 g）、消化管、高温电炉、分光光度计、容量瓶（50 mL、100 mL、1 000 mL）、移液管（5 mL、10 mL、15 mL、20 mL）、无磷滤纸。

（二）试剂

（1）浓硫酸：浓硫酸（H_2SO_4，分析纯）。

（2）高氯酸：高氯酸（$HClO_4$，分析纯，70% ~ 72%）。

（3）4 mol·L^{-1} NaOH 溶液：称取 16 g 化学纯 NaOH 溶于 100 mL 蒸馏水中。

（4）2 mol·L^{-1} H_2SO_4 溶液：量取 6 mL 浓硫酸缓缓加入到 80 mL 蒸馏水中，边加边搅拌，冷却后，再加水至 100 mL。

（5）二硝基酚指示剂：称取 0.2 g 2,6-二硝基酚溶于 100 mL 蒸馏水中。

（6）5 g·L^{-1} 酒石酸锑钾溶液：称取酒石酸锑钾（$KSbOC_4H_4O_6·1/2H_2O$，化学纯）0.5 g 溶于 100 mL 蒸馏水中。

（7）硫酸钼锑贮备液：量取 153 mL 浓硫酸，缓缓加入到 400 mL 蒸馏水中，不断搅拌，冷却。另称取 10 g 经磨细的仲钼酸铵（$(NH_4)_6Mo_7O_{24}·4H_2O$）溶于温度约 60 °C 的 300 mL 蒸馏水中，冷却。然后将硫酸溶液缓缓倒入钼酸铵溶液中，再加入 5 g·L^{-1} 酒石酸锑钾溶液 100 mL，冷却后，加蒸馏水稀释至 1 000 mL，摇匀，贮于棕色试剂瓶中备用，此贮备液含 10 g·L^{-1} 钼酸铵，2.25 mol·L^{-1} H_2SO_4。

（8）钼锑抗显色剂：称取 1.5 g 抗坏血酸（左旋，旋光度 + 21° ~ + 22°）溶于 100 mL 钼锑贮备液中，须现用现配。

（9）100 mg·L^{-1}（μg·mL^{-1}）磷标准贮备液：准确称取经 105 °C 高温烘干 2 h 的磷酸二氢钾（优级纯）0.439 0 g，用纯水溶解后，加入 5 mL 浓硫酸，然后加纯水定容至 1 L，该溶液放入冰箱可供长期使用。

（10）5 mg·L^{-1}（μg·mL^{-1}）磷（P）标准溶液：准确吸取 5.00 mL 磷贮备液，转入 100 mL 容量瓶中，加纯水定容。该溶液用时现配，不宜久存。

三、实验步骤

（1）称取通过 0.25 mm 筛的风干样品 0.2 ~ 0.5 g（精确至 0.000 1 g），转入消化管中，加少量蒸馏水润湿后，加入 8 mL 浓 H_2SO_4，摇匀后，加入 10 滴 70% ~ 72% $HClO_4$，摇匀，再加热消煮。缓慢升温，待 $HClO_4$

烟雾消失后，再提高温度，使浓 H_2SO_4 发烟回流，待瓶内溶液开始转白后继续消煮 20 min，全部消煮时间为 40 ~ 60 min。在样品消煮的同时，做空白实验（不加土样，其他操作步骤同上）。

（2）将冷却后的消化液用蒸馏水完全冲入 100 mL 容量瓶中，轻轻摇动容量瓶，待冷却后，以蒸馏水定容，用干的定量无磷滤纸过滤，将滤液接收在干燥的三角瓶中待测定（或将定容后的消化液静置过夜，次日小心吸取上层澄清液进行磷的测定）。

（3）吸取澄清的待测液 2.00 mL 放入 50 mL 容量瓶中，用蒸馏水稀释至约 30 mL，加二硝基酚指示剂 1 滴，滴加 4 mol·L^{-1} NaOH 溶液直至溶液恰好转为黄色。再加入 2 mol·L^{-1} 1/2 H_2SO_4 溶液 1 滴，使溶液的黄色恰好褪去。然后加入钼锑抗试剂 5 mL，摇匀，用水定容。放置 30 min 后，在分光光度计上用波长 700 nm 比色，以空白实验溶液为参比液调零点，读取测定液的透光度或吸收值。

标准曲线的配置：吸取 5 mg·L^{-1} 磷标准溶液 0 mL、0.5 mL、1.0 mL、2.0 mL、4.0 mL、6.0 mL、8.0 mL，分别转入 50 mL 容量瓶中，加纯水稀释至约 30 mL，再分别加入空白实验定容后的消化液 2 mL。调节溶液的 pH 及显色处理同上。各瓶比色液的磷浓度分别为 0 mg·L^{-1}、0.05 mg·L^{-1}、0.1 mg·L^{-1}、0.2 mg·L^{-1}、0.4 mg·L^{-1}、0.6 mg·L^{-1}、0.8 mg·L^{-1}。比色测定后绘制标准曲线或计算回归方程。

四、结果计算

$$土壤全磷(g·kg^{-1}) = \frac{\rho \times V \times ts}{m} \times 10^{-3} \qquad (19.1)$$

式中：ρ ——从校准曲线上查得的待测样品溶液中磷的质量浓度，g·kg^{-1}；

V ——比色时溶液定容的体积，mL；

ts ——分取倍数（消化液定容体积/吸取消化液体积）；

10^{-3} ——将 mg·L^{-1} 浓度单位换算成的 kg 质量的换算因素；

m ——烘干土质量，g。

【注释】

（1）如果待测液中磷浓度过高或过低，可减少或增加待测液的吸取量，以使待测液中含磷量为 5 ~ 25 μg 为宜。事先可以吸取一定量的待测液，显色后用目测法去观察颜色深度，然后估算出应该吸取待测液的毫升数。

（2）钼锑抗法要求显色温度为 15 ~ 60 °C，若温度低于 15 °C，可放置在 30 ~ 40 °C 的烘箱中保温 30 min，取出冷却后比色。

（3）若待测液中锰的含量较高，最好用 Na_2CO_3 溶液来调节 pH，以免产生氢氧化锰沉淀，以后酸化时也难以溶解。

实验二十
土壤有效磷的测定——Olsen 法

土壤有效磷是指用浸提剂提取的与当季作物生长有良好相关性的各种形态的磷，它可以相对地说明土壤的供磷水平，对磷肥的施用有着直接的指导意义。

一、实验原理

石灰性土壤由于大量游离碳酸钙存在，因此不能用酸溶液来提取有效磷，一般使用碳酸盐的碱溶液。由于碳酸根的同离子效应，碳酸盐的碱溶液降低碳酸钙的溶解度，也就降低了溶液中钙的浓度，这样就有利于磷酸钙盐的提取。同时由于碳酸盐的碱溶液，也降低了铝和铁离子的活性，有利于磷酸铝和磷酸铁的提取。此外，碳酸氢钠碱溶液中存在着 OH^-、HCO_3^-、CO_3^{2-} 等阴离子，有利于吸附态磷的置换，因此 $NaHCO_3$ 不仅适用于石灰性土壤，也适应于中性和酸性土壤中速效磷的提取。待测液中的磷用钼锑抗试剂显色，进行比色测定。

二、实验仪器及材料

（一）仪器

分光光度计、振荡机、三角瓶（100 mL，150 mL）、滴定管。

（二）试剂

（1）0.5 mol·L^{-1} NaHCO$_3$ 浸提液：称取 42.0 g 碳酸钠（NaHCO$_3$，分析纯）溶解于 800 mL 蒸馏水中，稀释至约 990 mL，用 4 mol·L^{-1} NaOH 溶液调节浸提液的 pH 值至 8.5，定容为 1 L，储存于塑料瓶中备用，不宜久存。

（2）无磷活性炭：活性炭常含有磷，应做空白试验，检验有无磷存在。如含磷较多，须先用 1∶1 HCl 浸泡过夜，在平板漏斗上抽气过滤，用蒸馏水冲洗多次后，再用 0.5 mol·L^{-1} NaHCO$_3$ 浸泡过夜，在平板漏斗上抽气过滤，用蒸馏水淋洗多次，并检查到无磷为止。如含磷较少，则直接用 NaHCO$_3$ 处理即可。

（3）5 g·L^{-1} 酒石酸锑钾溶液：称取酒石酸锑钾（KSbOC$_4$H$_4$O$_6$·1/2H$_2$O，化学纯）0.5 g 溶于 100 mL 蒸馏水中。

（4）硫酸钼锑贮备液：量取 153 mL 浓硫酸，缓缓加入到 400 mL 蒸馏水中，不断搅拌，冷却。另称取 10 g 经磨细的钼酸铵（(NH$_4$)$_6$Mo$_7$O$_{24}$·4H$_2$O）溶于温度约 60 ℃ 的 300 mL 蒸馏水中，冷却。然后将硫酸溶液缓缓倒入钼酸铵溶液中，再加入 5 g·L^{-1} 酒石酸锑钾溶液 100 mL，冷却后，加蒸馏水稀释至 1 000 mL，摇匀，贮于棕色试剂瓶中备用，此贮备液含 10 g·L^{-1} 钼酸铵，2.25 mol·L^{-1} H$_2$SO$_4$。

（5）钼锑抗显色剂：称取 1.5 g 抗坏血酸（左旋，旋光度 + 21°~ + 22°）溶于 100 mL 钼锑贮备液中，须现用现配。

（6）100 mg·L^{-1}（μg·mL^{-1}）磷标准贮备液：准确称取经 105 ℃ 高温烘干 2 h 的磷酸二氢钾（优级纯）0.439 0 g，用纯水溶解后，加入 5 mL 浓硫酸，然后加纯水定容至 1 L，该溶液放入冰箱可供长期使用。

（7）5 mg·L^{-1}（μg·mL^{-1}）磷（P）标准溶液：准确吸取 5.00 mL 磷贮备液，转入 100 mL 容量瓶中，加纯水定容。该溶液用时现配，不宜久存。

三、实验步骤

（1）称取过 2 mm 筛的风干土样 2.5 g（精确至 0.001 g）于 150 mL

三角瓶中，加入 0.5 mol·L^{-1} $NaHCO_3$ 溶液 50.0 mL，再加一匙无磷活性炭，塞紧瓶塞，在振荡机上振荡 30 min，立即用无磷滤纸过滤，滤液承接于 100 mL 三角瓶中，同时做空白实验（不加土样，其他操作步骤同上）。

（2）吸取滤液 10 mL（含磷量高时吸取 2.5 ~ 5.0 mL，同时应补加 0.5 mol·L^{-1} $NaHCO_3$ 溶液至 10 mL）放于 150 mL 三角瓶中，再用滴定管准确加入蒸馏水 35 mL，然后移液管加入钼锑抗试剂 5 mL，摇匀，放置 30 min 后，用 880 nm 或 700 nm 波长进行比色。假定空白液的吸收值为 0，读出待测液的吸收值。

（3）标准曲线绘制：分别准确吸取 5 μg·mL^{-1} 磷标准溶液 0 mL、1.0 mL、2.0 mL、3.0 mL、4.0 mL、5.0 mL 于 150 mL 三角瓶中，再加入 0.05 mol·L^{-1} $NaHCO_3$ 10 mL，准确加纯水使各瓶的总体积达到 45 mL，摇匀；最后加入钼锑抗试剂 5 mL，混匀显色。同待测液一样进行比色，绘制标准曲线。最后溶液中磷的浓度分别为 0 μg·mL^{-1}、0.1 μg·mL^{-1}、0.2 μg·mL^{-1}、0.3 μg·mL^{-1}、0.4 μg·mL^{-1}、0.5 μg·mL^{-1}。

四、结果计算

$$土壤有效磷（mg·kg^{-1}）= \frac{\rho \times V \times ts}{m} \qquad (20.1)$$

式中：ρ——从校准曲线上查得待测样品溶液中磷的质量浓度，mg·L^{-1}；

V——显色时溶液定容的体积，mL；

ts——分取倍数（消化液定容体积/吸取消化液体积）；

m——风干土质量，g。

【注释】

（1）同一土壤用不同的方法测得的有效磷含量可以有很大差异，只有用同一方法，在严格控制的相同条件下，测得的结果才有相比较的意义。在有效磷测定结果的报告中，必须说明所使用的测定方法。

（2）土壤有效磷的测定中，浸提剂的选择主要是根据土壤的类型和性质。浸提剂的种类很多，我国目前使用最广的浸提剂是 0.5 mol·L^{-1}

NaHCO$_3$溶液（Olsen 法），测定结果与作物反应有良好的相关性，适用于石灰性土壤、中性土壤及酸性水稻土；HCl + NH$_4$F 法（Brayl 法），适用于酸性土壤；树脂法，其测定结果和植物生长相关性很高，应用较广。

（3）活性炭对 PO$_4^{3-}$ 有明显的吸附作用，溶液中同时存在大量的 HCO$_3^-$ 离子饱和了活性炭颗粒表面，抑制了活性炭对 PO$_4^{3-}$ 的吸附作用。

（4）本方法中，浸提温度对测定结果影响很大，因此必须严格控制浸提时的温度条件。一般要在室温（20～25 ℃）下进行，具体分析时，前后各批样品应在这个范围内选择一个固定温度以便对各批结果进行相对比较。最好在恒温振荡机上进行提取。显色温度（20 ℃左右）较易控制。

（5）取 0.05 mol·L^{-1} NaHCO$_3$ 浸提滤液 10 mL 放于 50 mL 容量瓶中，加水和钼锑抗试剂后，即产生大量的 CO$_2$ 气体，由于容量瓶口小，CO$_2$ 气体不易逸出，因此在摇匀过程中，常导致试液外溢，造成测定误差。为了克服这个缺点，可以准确加入提取液、水和钼锑抗试剂（共计 50 mL）于三角瓶中，混匀，显色。

实验二十一
土壤全钾的测定——NaOH 熔融法

土壤全钾是指土壤中各种形态钾元素的总和。土壤钾按形态可分为水溶性钾、交换性钾、矿物层间不能通过快速交换反应而释放的非交换性钾和矿物晶格中的钾。根据对作物的有效性，可将水溶性钾和交换性钾称为速效钾，占全钾总量的 0.1%～2%，非交换性钾称为缓效钾，占全钾的 2%～8%，而矿物晶格中的钾称为无效态钾，占全钾总量的 90%～98%。土壤全钾含量的大小虽然不能反映钾对植物的有效性，却能够反映土壤潜在供钾能力。一般而言，全钾含量较高的土壤，其缓效钾和速效钾的含量也相对较高。因此，测定土壤全钾含量对了解土壤的供钾潜力以及合理分配和施用钾肥具有十分重要的意义，同时全钾含量也有助于鉴定土壤黏土矿物的类型。

一、实验原理

土壤样品经强碱熔融后，难溶的硅酸盐分解成可溶性化合物，土壤矿物晶格中的钾转变成可溶性钾形态，用硫酸溶解熔融物，使钾转化为钾离子，用火焰光度计测定。

二、实验仪器及试剂

（一）仪器

银坩埚（或镍坩埚）加盖、高温电炉、火焰光度计、容量瓶（50 mL）、移液管（5 mL，10 mL）。

（二）试剂

（1）氢氧化钠（NaOH，分析纯）。

（2）无水酒精（分析纯）。

（3）H_2SO_4（1∶3）溶液：取浓 H_2SO_4（分析纯）1 体积缓缓注入 3 体积蒸馏水中混合。

（4）HCl（1∶1）溶液：盐酸（HCl，$\rho \approx 1.19\ g \cdot mL^{-1}$，分析纯）与蒸馏水等体积混合。

（5）0.2 mol·L^{-1} H_2SO_4 溶液：取浓 H_2SO_4（分析纯）1 体积缓缓注入 89 体积蒸馏水中混合。

（6）100 mg·mL^{-1}（μg·mL^{-1}）K 标准溶液：准确称取 KCl（分析纯，110 ℃烘 2 h）0.190 7 g 溶解于纯水中，在容量瓶中定容至 1 L，贮于塑料瓶中。

（7）K 系列标准溶液：吸取 100 μg·mL^{-1} K 标准溶液 2 mL、5 mL、10 mL、20 mL、40 mL、60 mL，分别转入 100 mL 容量瓶中，加入与待测液相同体积的空白液，使标准溶液中离子成分与待测液相近（在配制标准系列溶液时应各加 0.4 g NaOH 和 H_2SO_4（1∶3）溶液 1 mL），用纯水定容到 100 mL。此为含钾分别为 2 μg·mL^{-1}、5 μg·mL^{-1}、10 μg·mL^{-1}、20 μg·mL^{-1}、40 μg·mL^{-1}、60 μg·mL^{-1} K 系列标准溶液。

三、实验步骤

（1）称取过 0.149 mm（100 目）筛的烘干土样约 0.25 g（精确至 0.000 1 g）放于银或镍坩埚底部，用无水酒精稍湿润样品，然后加 2.0 g 固体 NaOH，平铺于土样的表面（处理大批样品时，可暂放在干燥器中，以防吸湿）。将坩埚加盖留一小缝放在高温电炉内，先以低温加热，然后逐渐升高温度至 400 ℃，保持此温度 15 min，后关闭电源（以避免坩埚内的 NaOH 和样品溢出），15 min 后继续升温至 720 ℃，保持此温度 15 min 后，关闭电源熔融完毕。冷却后，若熔块呈淡蓝色或蓝绿色，表明熔融较好；若熔块呈棕黑色，表明还没有熔好，必须再加 NaOH 熔融 1 次。

（2）将坩埚冷却后，加入 80 ℃ 的蒸馏水 10 mL，待熔块溶解后，转入 50 mL 容量瓶中，然后用少量 0.2 mol·L^{-1} H$_2$SO$_4$ 溶液清洗数次，一起倒入容量瓶内，使总体积至约 40 mL，再加 HCl（1∶1）溶液 5 滴和 H$_2$SO$_4$（1∶3）溶液 5 mL，用蒸馏水定容，过滤。此待测液可供磷和钾的测定用。

（3）吸取待测液 5.00～10.00 mL 放于 50 mL 容量瓶中（K 的浓度控制为 10～30 μg·mL^{-1}），用蒸馏水定容，直接在火焰光度计上测定，记录检流计的读数，然后从工作曲线上查得待测液的 K 浓度（μg·mL^{-1}）。注意在测定完毕之后，用蒸馏水在喷雾器下继续喷雾 5 min，洗去多余的盐或酸，使喷雾器保持良好的使用状态。

（4）标准曲线的绘制：将配制的钾标准系列溶液，以浓度最大的一个定到火焰光度计上检流计的满度（100），然后从低浓度到高浓度依序进行测定，记录检流计的读数。以检流计读数为纵坐标、钾标准液浓度为横坐标，绘制标准曲线图。

四、结果计算

$$土壤全钾 （g·kg^{-1}）= \frac{\rho \times V \times ts}{m \times 10^{-3}} \qquad （21.1）$$

式中：ρ——从标准曲线上查得待测液中 K 的质量浓度，μg·mL^{-1}；

   V——测定液定容的体积，50 mL；

   ts——分取倍数（待测液定容体积，50 mL/吸取液体积 5 mL 或 10 mL）；

   m——烘干土质量，g；

   10^{-3}——换算系数。

【注释】

（1）土样和 NaOH 的比例为 1∶8，当土样用量增加时，NaOH 用量也相应增加。

（2）加入 H$_2$SO$_4$ 的量视 NaOH 用量多少而定，目的是中和多余的 NaOH，使溶液呈酸性（酸的浓度约为 0.15 mol·L^{-1} H$_2$SO$_4$），而硅得以沉淀下来。

实验二十二
土壤速效钾的测定——乙酸铵浸提法

土壤中钾主要以矿物形态存在，速效性钾（包括水溶性钾和交换性钾）含量只占全钾的 1% 左右。通常交换性钾（包括水溶性钾在内）能很快地被植物吸收利用，尤其对当季作物而言，速效钾和作物吸钾量之间有比较好的相关性。速效性钾与缓效性钾之间存在着动态平衡，是土壤有效钾的主要储备仓库，是土壤供钾潜力的指标。

一、实验原理

以中性 NH_4OAc 作为浸提剂，NH_4^+ 与土壤表面的 K^+ 进行交换，连同水溶性钾一起进入溶液，浸出液中的钾直接用火焰光度计测定。

二、实验仪器及试剂

（一）仪　器

天平（感量 0.01 g）、往返式振荡机、火焰光度计、三角瓶（100 mL、50 mL）。

（二）试剂

（1）1 mol·L^{-1} 中性乙酸铵（pH 为 7.0）溶液：称取乙酸铵（CH_3COONH_4，化学纯）77.09 g 加蒸馏水稀释，定容至近 1 L。用 HOAc 或 NH_4OH 调 pH 至 7.0，然后稀释至 1 L。具体方法如下：取出 1 mol·L^{-1} NH_4OAc 溶液

50 mL，用溴百里酚蓝作指示剂，以 1 ∶ 1NH₄OH 或稀 HOAc 调至绿色，即 pH 为 7.0（也可以在酸度计上调节）。根据 50 mL 所用 NH₄OH 或稀 HOAc 的毫升数，算出所配溶液大概需要量，最后调至 pH 为 7.0。该溶液不宜久存。

（2）100 mg·mL⁻¹（μg·mL⁻¹）K 标准溶液：准确称取 KCl（分析纯，110 ℃ 烘 2 h）0.190 7 g 溶解于 1 mol·L⁻¹ NH₄OAc 中，定容至 1 L，贮于塑料瓶中。

（3）K 系列标准溶液：吸取 100 μg·mL⁻¹ K 标准溶液 0 mL、2.5 mL、5 mL、10 mL、15 mL、20 mL、40 mL，分别转入 100 mL 容量瓶中，1 mol·L⁻¹ NH₄OAc 溶液定容，即得 0 μg·mL⁻¹、2.5 μg·mL⁻¹、5.0 μg·mL⁻¹、10.0 μg·mL⁻¹、15.0 μg·mL⁻¹、20.0 μg·mL⁻¹、40.0 μg·mL⁻¹ K 标准系列溶液。

三、实验步骤

称取通过 1 mm 筛孔的风干土 5.0 g（精确至 0.01 g）放于 100 mL 三角瓶中，加入 1 mol·L⁻¹ NH₄OAc 溶液 50 mL，塞紧橡皮塞，在振荡机上振荡 30 min，用定性滤纸过滤到 50 mL 的三角瓶里。同钾标准系列溶液一起在火焰光度计上测定。记录其检流计上的读数，然后从标准曲线上求得其浓度。

标准曲线的绘制：将配制的钾标准系列溶液，以浓度最大的一个定到火焰光度计上检流计为满度（100），然后从低浓度到高浓度依序进行测定，记录检流计上的读数。以检流计读数为纵坐标，钾（K）的浓度（μg·mL⁻¹）为横坐标，绘制标准曲线或求回归方程。

四、结果计算

$$土壤速效钾（g/kg）= \frac{\rho \times V \times ts}{m} \qquad (22.1)$$

式中：ρ ——从标准曲线上查得的待测液中 K 的质量浓度，μg·mL⁻¹；

$\quad\quad\ $ V ——浸提液体积，50 mL；

$\quad\quad\ $ ts ——分取倍数，若不稀释则为 1；

$\quad\quad\ $ m ——风干土质量，g。

实验二十三
土壤氮、磷、钾有效养分的速测

土壤有效养分主要指土壤中以水溶性和代换性两种形态存在的养分。测定土壤有效养分有助于了解土壤对植物供应养分的能力，为合理施肥提供科学依据。土壤有效养分速测就是把常规的有效养分测定方法、步骤加以简化，利于快速测定，简化后的测定精度虽然不如常规方法高，但具有简便快速的优点和一定的参考价值。因此，在田间土壤的营养诊断中被广泛应用。

一、方法原理

土壤氮、磷、钾有效养分速测经常在田间进行，为了达到"快速"、保证一定的精度和适宜田间测试等要求，测定方法除使用灵巧简便的仪器，改用目视比色、比浊法外，应尽量选择通用的提取剂。如对石灰性土样可以采用碳酸钠-硫酸钠通用提取剂；而对非石灰土壤就只能用单独浸提剂，即用 $0.5\ mol \cdot L^{-1}$ 硫酸钠提取速效氮和速效钾，用 $0.1\ mol \cdot L^{-1}$ 盐酸-钼酸铵浸提速效磷。对浸提液中养分应采用比色法原理进行目视比色。

二、实验仪器及试剂

（一）仪器

天平（0.01 g）、平底比色管（小试管）、试管架、三角瓶、小漏斗。

（二）试剂

（1）0.5 mol·L^{-1}碳酸氢钠-0.25 mol·L^{-1}硫酸钠溶液：称取 42 g 碳酸氢钠（$NaHCO_3$，分析纯）和 80.5 g 硫酸钠（$Na_2SO_4 \cdot 10H_2O$，分析纯）溶于 1 L 蒸馏水中，用氢氧化钠和硫酸调节其 pH 值为 8.5，此溶液应密闭保存，防止酸度变化。

（2）0.5 mol·L^{-1}硫酸钠溶液：称取 161.0 g 硫酸钠（$Na_2SO_4 \cdot 10H_2O$，分析纯），溶于 1 L 蒸馏水中。

（3）活性炭：如含磷，需用中盐酸处理，其步骤是先用 1 mol·L^{-1}盐酸浸泡过夜。用蒸馏水冲洗多次后，再用 0.5 mol·L^{-1}碳酸氢钠溶液浸泡过夜，然后在平板瓷漏斗上抽气过滤，再用 0.5 mol·L^{-1}碳酸氢钠溶液洗 2~3 次，最后用蒸馏水洗去碳酸氢钠，并查到无磷为止，烘干备用。

（4）1 mol·L^{-1}硫酸。

（5）硝酸试粉：称取 2 g 锌粉（Zn,过 100 目筛），10 g 硫酸锰（$MnSO_4$，分析纯）。a-萘胺 0.25 g，对氨基苯磺酸 2.5 g，柠檬酸 100 g，都要磨细成粉状，装入棕色瓶中，存放在干燥处。

（6）钠氏试剂：① 称取 10 g 碘化汞（HgI_2，分析纯）和 7 g 碘化钾（KI，分析纯）溶于少量蒸馏水中；② 称取 16 g 氢氧化钠溶于 50 mL 蒸馏水中。冷却后将①缓缓加入②中，蒸馏水稀释到 100 mL，静止过夜，取清液存放在棕色瓶中。

（7）60% 醋酸。

（8）2.1% 钼酸铵-4.9 mol·L^{-1}盐酸溶液。称取 2.1 g 钼酸铵，溶于约 20 mL 蒸馏水中，可稍加热助溶。量取 40.8 mL 浓盐酸加入约 20 mL 蒸馏水中，冷却后将钼酸铵溶液缓缓倒入酸液中，边加边搅拌。冷却后加蒸馏水稀释至 100 mL 充分混匀，贮存于棕色瓶中，此液一般可用几个月。

（9）0.1% 氯化亚锡-甘油溶液：可由 25% 的氯化亚锡甘油液稀释而成。

（10）3% 四苯硼钠溶液。

（11）3%EDTA-甲醛溶液：溶解 3 g EDTA 于 50 mL 蒸馏水中，加入 37% 甲醛 50 mL，再加 0.5 mol·L^{-1} NaHCO$_3$ 4 mL 使其呈碱性。

（12）10% 酒石酸钾钠溶液。

（13）标准溶液。

① 混合标准溶液：用分析天平准确称取 0.219 5 g 干燥的磷酸氢钾（KH$_2$PO$_4$，分析纯）、0.361 0 g 硝酸钾（KNO$_3$，分析纯）、0.191 0 g 氯化铵（NH$_4$Cl，分析纯）、0.662 4 g 硫酸钾（K$_2$SO$_4$，分析纯）放入 100 mL 的烧杯中，用少量的蒸馏水溶解，然后无损地转移至 500 mL 容量瓶中，并用少量蒸馏水多次洗涤烧杯，一并转入容量瓶中，最后用蒸馏水定容，充分摇匀，加入 5 滴甲苯防腐，此为含 NO$_3$-N 100 ppm、NH$_4$-N 100 ppm、P 100 ppm、K 1 000 ppm 的标准溶液。

② 二级标准溶液：吸取上述原液 2 mL 及 16 mL 分别放入两个 100 mL 容量瓶中，用浸提液定容，此为分别含 2 ppm 和 16 ppm 的 NO$_3$-N、NH$_4$-N 和 P，含 20 ppm 及 160 ppm K 的二级标准溶液。

（14）临时标准色阶配制：在测定样品的同一比色盘上进行，方法见表 23-1。

表 23-1　土壤氮、磷、钾有效养分速测标准色阶配置表

NO$_3$-N、NH$_4$-N、P 的标准色阶/ppm		0.5	1	2	4	8	16
配置方法（滴数）	2 ppm 标准液	1（1）	2（2）	4（3）			
	16 ppm 标准液				1（3）	2（2）	4（1）
K 的标准色阶/ppm		5	10	15	20	40	60
配置方法（滴数）	20 ppm 标准液	2（6）	4（4）	6（2）	8（0）		
	160 ppm 标准液					2（6）	3（8）

注：（　）内的数字表示加入浸提液的滴数。

三、操作步骤

（一）样品浸提

1. 石灰性土壤

称取 2.0 g 相当于干土的自然湿土放入试管中，加入 0.5 mol · L^{-1} 碳酸氢钠-0.25 mol · L^{-1} 硫酸钠浸提剂 10 mL，再加半小匙活性炭，用力摇动 3 min，静止 5 min 后过滤，滤液用作硝态氮、铵态氮、速效磷和速效钾的测定。

2. 非石灰性土壤

称取 2.0 g 相当于干土的自然湿土放入试管中，加入 0.5 mol · L^{-1} 硫酸钠溶液 10 mL，摇动 3 min，静止 5 min 后过滤，滤液用作硝态氮、铵态氮、速效钾的测定。另取一试管，称取 2.0 g 相当于干土的自然湿土，再加入 0.1 mol · L^{-1} 盐酸-钼酸铵提液 10 mL（在野外田间测定）。为携带方便，可采用显色反应时用的盐酸-钼酸铵溶液，即在装有 2.0 g 土样的试管中加 10 mL 蒸馏水，再加 2.1% 钼酸铵-4.9 mol · L^{-1} 盐酸溶液 5 滴，使最后提取液的盐酸浓度约为 0.1 mol · L^{-1}，摇动 3 min，静止 5 min 后过滤，滤液作速效磷的测定。

（二）比色或比浊

1. 硝态氮

吸取浸出液 4 滴于比色盘中，加入 1 mol · L^{-1} H$_2$SO$_4$ 1 滴，搅匀，加 60% 醋酸 4 滴，再加硝酸试粉 1 耳勺，搅匀，1 min 左右比色。读数乘 5，即硝态氮含量（ppm）。如无比色卡，则可吸取标准溶液，用同样的方法显色，即标准色阶。

2. 铵态氮

吸取土壤浸出液 4 滴于比色盘中，加入 1 mol · L^{-1} H$_2$SO$_4$ 1 滴，搅匀，加 10% 酒石酸钾钠 1 滴，搅匀，再加纳氏试剂 2 滴，搅匀。5 min

后与标准色阶比色。读数乘 5，即土壤中铵态氮的含量（ppm）。

3．速效磷

吸取土壤浸出液 4 滴于比色盘中，加入 1 mol·L^{-1} H$_2$SO$_4$ 1 滴，搅匀，再加 2.1% 钼酸铵 -4.9 mol·L^{-1} 盐酸液 1 滴，搅匀后再加氯化亚锡甘油 1 滴，搅匀，5 min 后与标准色阶比色。读数乘 5，即土壤中速效磷含量（ppm）。

4．速效钾

吸取 8 滴土壤浸出液于比色小试管中，加入 1 滴 3% EDTA-18% 甲醛溶液，搅匀，再加 1 滴 3% 四苯硼钠液，搅匀，2～20 min 内比浊，读数乘 5，即土壤速效钾含量（ppm）。

实验二十四
土壤 pH 值的测定——电位法

　　土壤 pH 值是指与土壤固相处于平衡的溶液中氢离子（H^+）浓度的负对数，它是土壤中重要的基本性质，其数值的大小表示土壤酸碱度的强弱。土壤酸碱度对土壤肥力有重要的影响，特别是对土壤中养分存在状况和有效程度、土壤的生物学过程、微生物活动以及植物本身等都有显著影响。土壤酸碱度与土壤溶液的组成、土壤胶体组成、代换量和代换性阳离子的组成等都有密切关系，同时土壤酸碱度也因自然条件和耕作措施的变化而不断变化。因此，了解土壤酸碱度，在农业生产上具有重要意义。

一、实验原理

　　用电位法测定土壤悬浊液 pH 时，用玻璃电极作为指示电极，甘汞电极为参比电极。当玻璃电极和甘汞电极插入土壤悬浊液时，构成一电池反应，两者之间产生一个电位差，由于参比电极的电位是固定的，因而该电位差的大小取决于待测液中的氢离子活度，氢离子活度的负对数即 pH 值，可在 pH 计上直接读出 pH 值。

二、实验仪器及试剂

（一）仪器

　　天平（感量 0.01 g）、pH 酸度计、玻璃电极、饱和甘汞电极（或复合电极）、搅拌器、烧杯（50 mL）。

（二）试剂

（1）pH 为 4.01（25 ℃）的标准缓冲溶液：称取经 110 ℃ 烘过 2～3 h 的邻苯二甲酸氢钾（KHC$_8$H$_4$O$_4$，分析纯）10.21 g，用蒸馏水溶解后定容至 1 L，储存于塑料瓶中。

（2）pH 为 6.87（25 ℃）的标准缓冲溶液：称取经 110 ℃ 烘过 2～3 h 的磷酸二氢钾（KH$_2$PO$_4$，分析纯）3.39 g 和无水磷酸氢二钠（Na$_2$HPO$_4$，分析纯）3.53 g，溶于蒸馏水后定容至 1 L，储存于塑料瓶中。

（3）pH 为 9.18（25 ℃）的标准缓冲溶液：称取 3.80 g 经平衡处理的硼砂（Na$_2$B$_4$O$_7$·10H$_2$O，分析纯）溶于无 CO$_2$ 的冷蒸馏水中，定容至 1 L，储存于塑料瓶中。此溶液的 pH 易于变化，应注意保存。

硼砂的平衡处理：将硼砂放在盛有蔗糖和食盐饱和水溶液的干燥器内平衡 48 h。

无 CO$_2$ 的水：将蒸馏水煮沸 10 min 后加盖冷却，立即使用。

（4）0.01 mol/L 氯化钙溶液：称取 147.2 g 氯化钙 （CaCl$_2$·2H$_2$O，化学纯）溶于 200 mL 蒸馏水中，定容至 1 L，吸取 10 mL 于 500 mL 烧杯中，加 400 mL 蒸馏水，用少量氢氧化钙或盐酸调节 pH 值为 6 左右，然后定容至 1 L。

三、实验步骤

（一）待测液的制备

称取过 2 mm 筛的风干土样 10 g（精确至 0.01 g），转入 50 mL 烧杯中，加入 25 mL 无 CO$_2$ 的水或 0.01 mol/L CaCl$_2$ 溶液（中性、石灰性或碱性土测定用）。用玻璃棒剧烈搅动 1～2 min，静置 30 min，此时应避免空气中氨或挥发性酸气体等的影响，然后用 pH 计测定。

（二）仪器校正

把电极插入与土壤浸提液 pH 接近的标准缓冲溶液中，使标准溶液的 pH 值与仪器标度上的 pH 值一致。然后移出电极，用蒸馏水冲洗、滤纸吸干后插入另一标准缓冲溶液中，检查仪器的读数。最后移出电极，用蒸馏水冲洗、滤纸吸干后待用。

（三）待测液的测定

把玻璃电极的球泡浸入待测土样的下部悬浊液中，并轻微摇动，然后将饱和甘汞电极插在上部清液中，待读数稳定后，记录待测液的 pH 值。每测完一个样品后，立即用蒸馏水冲洗电极，并用干滤纸将电极表面的蒸馏水吸干再测定下一个样品。在较为精确的测定中，每测定 5 ~ 6 个样品后，需要将饱和甘汞电极的顶端在饱和氯化钾溶液中浸泡一下，以保持顶端部分被氯化钾溶液所饱和，然后用 pH 标准缓冲溶液重新校正仪器。

四、结果计算

一般的 pH 计可直接读出 pH 值，不需要换算。两次称样平行测定结果的允许差为 0.1 pH。

【注释】

（1）新电极或久置不用的电极，在使用前应在 0.1 mol/L 的 HCl 溶液或蒸馏水中浸泡 12 h 以上，使之活化。

（2）使用时应先轻轻震动电极内的溶液，至球体部分无气泡为止。

（3）电极球泡极易破损，使用时必须仔细谨慎，最好加用套管保护。

（4）电极不用时可保存在蒸馏水中，如长期不用可放在纸盒内干放。

（5）玻璃电极表面不能沾有油污，忌用浓硫酸或铬酸洗液清洗玻璃电极表面。不能在强碱及含氟化物介质中或黏土等体系中停放过久，以免损坏电极或引起电极反应钝化。

实验二十五
石灰需要量的测定——氯化钙交换
（中和滴定法）

土壤酸度基本上是由土壤吸收复合体中交换氢和铝引起的。酸性过强，往往使铝、铁或锰的浓度增高，造成对某些作物的毒害，抑制有益微生物的活动（如硝化细菌和固氮菌等）。降低了磷素的有效性，还可使某些作物感到钙素的缺乏。

在农业生产中，调节土壤酸常用的方法是施用石灰，以中和土壤的酸性，减少铝、铁或锰元素的溶解度，改变土壤吸收复合体中交换性阳离子的组成，活化土壤中的磷素，供给需钙较多的作物丰富钙素等。但石灰施得太多就会使一些元素（如铁、锰）的有效度降低，致使这些植物必需的元素呈缺乏状态。由此可知，准确测定土壤的石灰需要量，把土壤中和至某个特定的 pH 值或盐基饱和水准或有毒物质不活化的程度，乃是酸性土壤改良中一个非常重要的问题。

一、实验原理

用氯化钙溶液交换出土壤胶体上吸附的氢离子和铝离子，然后用氢氧化钙标准溶液滴定其酸度，用酸度计指示终点。根据氢氧化钙的用量计算石灰需要量。

二、实验仪器及试剂

（一）仪器

电位滴定计（或酸度计）、pH 玻璃电极、饱和甘汞电极、天平（感量为 0.01 g）、烧杯、移液管。

（二）试剂

（1）0.2 mol/L 氯化钙溶液：称取 44 g 氯化钙（$CaCl_2 \cdot 6H_2O$，化学纯）溶于蒸馏水中，稀释至 1 L，然后用氢氧化钙溶液或 0.1 mol/L 稀盐酸调节 pH 值为 7.0（用 pH 计测量）。

（2）0.03 mol/L 氢氧化钙标准溶液：称取 4 g 经 920 ℃ 灼烧 30 min 的氧化钙（CaO，分析纯）溶于 200 mL 无 CO_2 的水中，搅拌后放置澄清，倾出上部清液于试剂瓶中，用装有苏打石灰管及虹吸管的橡皮塞塞紧，用邻苯二甲酸氢钾或盐酸标准溶液标定其浓度。

三、实验步骤

称取通过 2 mm 筛的风干土样 10 g（精确至 0.01 g）于 100 mL 的烧杯中，加入 0.2 mol/L 氯化钙溶液 40 mL，在磁力搅拌器上充分搅拌 1 min，插入 pH 玻璃电极和饱和甘汞电极，边搅拌边用 0.03 mol/L 氢氧化钙标准溶液滴定，直到酸度计（或电位计）上的指针 pH 值指到 7.0 时为止，记录消耗的氢氧化钙标准溶液毫升数。

四、结果计算

$$石灰需要量（CaO，kg \cdot hm^{-2}）= \frac{cV}{m} \times \frac{1}{2} \times 0.028 \times 2.6 \times 10^6$$

$$(25.1)$$

式中：c——滴定用氢氧化钙标准溶液的浓度，$mol \cdot L^{-1}$；

V——滴定样品时用去氢氧化钙标准溶液的体积，mL；

m——风干土样的质量，g；

0.028——氧化钙（1/2CaO）的毫摩尔质量，$g \cdot mmol^{-1}$；

2.6×10^6——每公顷（hm^2）耕层（20cm）土壤的质量，kg；

1/2——实验室测定条件与田间实际施用情况差异的校正系数。

【注释】

石灰需要量以中和每公顷耕层土壤（200万～260万 kg）需用氧化钙（即生石灰，CaO）的千克数计算。但实验室测定条件与田间实际情况存在差异，需用校正系数加以校正。

实验二十六
土壤水溶性盐的测定——残渣烘干法

盐土中含有大量水溶性盐类，影响作物生长，同一浓度的不同盐分危害作物的程度也不一样。盐分中以碳酸钠的危害最大，增加土壤碱度和恶化土壤物理性质，使作物受害。其次是氯化物，氯化物又以 $MgCl_2$ 的毒害作用较大，另外，氯离子和钠离子的作用也不一样。土壤（及地下水）中水溶性盐的分析，对研究盐渍土盐分动态变化、盐胁迫对种子萌发和作物生长的影响以及进行盐渍土改良措施都是十分必要的。

一、实验原理

吸取一定量的土壤浸出液放在瓷蒸发皿中，在水浴上蒸干，用过氧化氢氧化有机质，然后在 105～110 ℃ 烘箱中烘干至恒重，所得残渣质量即可溶性盐总量。

二、实验仪器及材料

（一）仪器

平底漏斗、抽气装置、抽滤瓶、振荡机、真空泵、三角瓶、烘箱、水浴锅、瓷蒸发皿、坩埚钳。

（二）试剂

（1）$1 g \cdot L^{-1}$ 六偏磷酸钠溶液：称取 $0.1 g (NaPO_3)_6$ 溶于 $100 mL$ 水中。

（2）$15\% H_2O_2$。

三、实验步骤

土壤水溶性盐的测定主要包括两个过程，即水溶性盐的浸提和浸出液中可溶性盐分的测定。

土壤水溶性盐浸出液的水土比有 1：1、2：1、5：1、10：1，以及饱和土浆浸出液等。一般来讲，水土比愈大，分析操作愈容易，但对作物生长的相关性愈差。

土壤可溶性盐浸出液中各种盐分的绝对含量和相对含量受水土比例的影响很大。有些成分随水分的增加而增加，有些则相反。一般来讲，全盐量随水分的增加而增加。含石膏的土壤用 5：1 的水土比例浸提出来的 Ca^{2+} 和 SO_4^{2-} 数量是用 1：1 的水土比的 5 倍，这是因为随着水的增加，石膏的溶解量也增加；又如含碳酸钙的盐碱土，随着水的增加，Na^+ 和 HCO^{3-} 的量也增加，Na^+ 的增加是因为 $CaCO_3$ 溶解，Ca^{2+} 把胶体上 Na^+ 置换下来的结果；5：1 的水土比浸出液中的 Na^+ 比 1：1 浸出液中的大 2 倍，Cl^- 和 NO^{3-} 变化不大。对碱化土壤来说，用高的水土比例浸提对 Na^+ 的测定影响较大，故 1：1 的浸出液更适用于碱土化学性质分析方面的研究。

水土比例、震荡时间和浸提方式对盐分的溶出量都有一定的影响。试验证明，如 $Ca(HCO_3)_2$ 和 $CaSO_4$ 这样的中等溶性和难溶性盐，随着水土比例的增大和浸泡时间的延长，溶出量逐渐增大，致使水溶性盐的分析结果产生误差。为了使各地分析资料有可比性，实验分析时必须采用统一的水土比例、震荡时间和提取方法。本书重点介绍水土比为 1：1、5：1 及饱和土浆浸提法，以便在不同情况下选择使用。

（一）浸出液的制备

1. 1：1水土比浸出液的制备

称取通过 1 mm 筛孔相当于 100.0 g 烘干土的风干土，例如风干土含水量为 2%，则称取 102 g 风干土放入 500 mL 的三角瓶中，加刚沸过的冷蒸馏水 98 mL，则水土比为 1∶1。盖好瓶塞，在振荡机上振荡 15 min。用直径为 11 cm 的瓷漏斗过滤，用密实的滤纸，倾倒土液时应摇浑泥浆，在抽气情况下缓缓倾入漏斗中心。当滤纸全部湿润并与漏斗底部完全密接时再继续倒入土液，这样可避免滤液浑浊。如果滤液浑浊，则应倒回重新过滤或弃去浊液。如果过滤时间长，则用表玻璃盖上以防水分蒸发。

将清亮液收集在 250 mL 细口瓶中，每 25 mL 加 1 g·L^{-1} 六偏磷酸钠 1 滴，以防在静置时 $CaCO_3$ 从溶液中沉淀，盖紧瓶盖，储存在 4 ℃ 冰箱中，备用。

2. 5∶1 水土比浸出液的制备

称取通过 1 mm 筛孔相当于 40.0 g 烘干土的风干土，放入 500 mL 的三角瓶中，加水 200 mL（如果土壤含水量为 3% 时，加水量应加以校正）。盖好瓶塞，在振荡机上或手摇振荡 3 min。然后将布氏漏斗与抽气系统相连，铺上与漏斗直径大小一致的紧密滤纸，缓缓抽气，使滤纸与漏斗紧贴，先倒少量土液于漏斗中心，使滤纸湿润并完全贴实在漏斗底上，再将悬浊土浆缓缓倒入，直至抽滤完毕。如果滤液开始浑浊，则应倒回重新过滤或弃去浊液，将清亮滤液收集备用。如果遇到碱性土壤，分散性很强或质地黏重的土壤，难以得到清亮滤液时，最好用素陶瓷中孔（巴斯德）吸滤管减压过滤。

3. 饱和土浆浸出液的制备

本提取方法长期不能得到广泛应用的主要原因是手工加水混合难以确定一个正确的饱和点，重现性差，特别是对于质地细和含钠量高的土壤，要确定一个正确的饱和点是困难的。现介绍一种比较容易掌握的加水混合法，操作步骤如下。

称取过 1 mm 筛的风干土样 20.0～25.0 g，用毛管吸水饱和法制成饱和土浆，放在 105～110 ℃ 烘箱中烘干、称重，计算出饱和土浆含水量。

制备饱和土浆浸出液所需的土样质量与土壤质地有关。一般制备 25～30 mL 饱和土浆浸出液需要土样质量：壤质砂土 400～600 g，砂壤土 250～400 g，壤土 150～250 g，粉砂壤土和黏土 100～150 g，黏土 50～100 g。根据此标准，称取一定量的风干土样，放入一个带盖的塑料杯中，加入计算好的所需水量，充分混合成糊状，加盖防止蒸发。放在低温处过夜（14~16 h），次日再充分搅拌。将此饱和土浆在 4 000 r·min^{-1} 速度下离心，提取土壤溶液，或移入预先铺有滤纸的砂芯漏斗或平瓷漏斗中（用密实的滤纸，先加少量泥浆湿润滤纸，抽气使滤纸与漏斗紧贴在漏斗上，继续倒入泥浆），减压抽滤，滤液收集在一个干净的瓶中，加塞塞紧，供分析用。浸出液的 pH、CO_3^{2-}、HCO_3^- 和电导率应当立即测定。对于其余的浸出液，每 25 mL 溶液加 1 g·L^{-1} 六偏磷酸钠 1 滴，塞紧瓶口，备用。

（二）土壤水溶性盐的测定

吸收土壤浸出液 20~100 mL，放在已知烘干质量的瓷蒸发皿内，在水浴上蒸干，不必取下蒸发皿，用滴管沿蒸发皿四周加 15% H_2O_2，使残渣湿润，保证 H_2O_2 溶液与残渣充分接触，继续蒸干，如此反复用 H_2O_2 处理，使有机质完全氧化为止，此时干残渣全为白色，蒸干后残渣和蒸发皿放在 105~110 °C 烘箱中烘干 1~2 h，取出冷却，用分析天平称重，记下质量。将蒸发皿和残渣再次烘干 0.5 h，取出放在干燥器中冷却、称重，重复至恒重 m_1（前后两次质量之差小于 0.001 g）。

四、结果计算

$$土壤水溶性盐总量（\%）=（m_1-m/W）×100 \qquad (26.1)$$

式中：m——瓷蒸发皿质量，g；

$\quad\quad m_1$——瓷蒸发皿与烘干残渣总质量，g；

$\quad\quad W$——相当烘干土重，如吸取水土比 5∶1 土壤浸出液 50 mL，即相当于 10 g 土壤样品。

【注释】

（1）水土比例大小直接影响土壤可溶性盐分的提取，因此提取的水土比例不要随便更改，否则分析结果无法对比，常用水土比例为 5∶1。

（2）水土作用 2 min，即可使土壤中可溶性的氯化物、碳酸盐与硫

105

酸盐等全部溶入水中，如果延长作用时间，将有中溶性盐和难溶性盐（硫酸钙和碳酸钙等）进入溶液。因此，建议采用振荡 3 min 立即过滤的方法，振荡和放置时间越长，对可溶性盐分的分析结果误差越大。

（3）空气中的二氧化碳分压大小以及蒸馏水中溶解的二氧化碳，都会影响碳酸钙、碳酸镁和硫酸钙的溶解度，因此必须使用无二氧化碳的蒸馏水来提取样品。

（4）待测液不可在室温下放置过长时间（一般不得超过 1 d），否则会影响钙、镁、碳酸根和重碳酸根的测定。可以将滤液储存在 4 ℃ 条件下备用。

（5）吸取待测液的数量，应依盐分的多少而定，如果含盐量大于 0.5% 则吸取 25 mL，含盐量小于 0.5% 则吸取 50 mL 或 100 mL。保持盐分量在 0.02～0.2 g 之间，过多则因某些盐类吸水，不宜称至恒重，过少则误差太大。

（6）蒸干时的温度不能过高，否则，因沸腾使溶液遭到损失，特别当接近蒸干时更应注意，在水浴上蒸干就可避免这种现象。

（7）由于盐分在空气中容易吸水，故应在相同的时间和条件下冷却、称重。

（8）加过氧化氢去除有机质时，只要达到使残渣湿润即可。这样可以避免由于过氧化氢分解时泡沫过多，使盐分溅失，因而，必须少量多次地反复处理，直到残渣完全变白为止。但溶液中有铁存在而出现黄色氧化铁时，不可误认为是有机质的颜色。

（9）实验过程中不能用手摸蒸发皿或小烧杯，避免因手上的汗液中的盐分引起误差。

实验二十七
土壤水溶性盐的测定——电导法

一、实验原理

　　土壤可溶性盐是强电解质，其水溶液具有导电作用。在一定浓度范围内，溶液的含盐量与电导率呈正相关。因此，土壤浸出液的电导率的数值能反映土壤含盐量的高低。如果土壤溶液中几种盐类彼此间的比值比较固定，则用电导率值测定总盐分浓度的高低是相当准确的。土壤浸出液的电导率可用电导仪测定，并可直接用电导率的数值来表示土壤含盐量的高低。

　　将连接电源的两个电极插入土壤浸出液中，构成一个电导池。正负两种离子在电场作用下发生移动，并在电极上发生电化学反应而传递电子，因此电解质溶液具有导电作用。

　　根据欧姆定律，当温度一定时，电阻与电极间的距离成正比，与电极的截面积成反比。

$$R = \rho \frac{L}{A} \tag{27.1}$$

式中：R——电阻，Ω（欧姆）；

　　　ρ——电阻率，$\Omega \cdot m$（欧姆·米）；

　　　L——电阻与电极间的距离，cm；

　　　A——电极的截面积，cm^2。

　　当 $L = 1\ cm$，$A = 1\ cm^2$，则 $R = \rho$，此时测得的电阻称为电阻率 ρ。
溶液的电导是电阻的倒数，溶液的电导率（EC）则是电阻率的倒数。

$$EC = \frac{1}{\rho} \qquad (27.2)$$

式中：EC——电导率，$S \cdot m^{-1}$（西门子/米）；

　　　ρ——电阻率，$\Omega \cdot m$（欧姆·米）；

土壤溶液的电导率一般小于 $1 \ S \cdot m^{-1}$，因此常用 $dS \cdot m^{-1}$（分西门子/米）表示。

两电极片间的距离和电极片的截面积难以精确测量，一般可用标准 KCl 溶液（其电导率在一定温度下是已知的）求出电极常数。

$$K = \frac{EC_{KCl}}{S_{KCl}} \qquad (27.3)$$

式中：K——电极常数；

　　EC_{KCl}——标准 KCl 溶液（$0.02 \ mol \cdot L^{-1}$）的电导率（$dS \cdot m^{-1}$），
　　　　　　18 ℃ 时 EC_{KCl} 为 $2.397 \ dS \cdot m^{-1}$，25 ℃ 时为 $2.765 \ dS \cdot m^{-1}$；

　　S_{KCl}——同一电极在相同条件下实际测得的电导度。

待测液测得的电导度乘以电极常数就是待测液的电导率。

$$EC = K \cdot S \qquad (27.4)$$

大多数电导仪有电极常数调节装置，可以直接读出待测液的电阻率，无需再考虑用电极常数进行计算。

二、实验仪器与材料

（一）仪器

振荡机、电导仪、电导电极、天平（感量 0.01 g）、大试管。

（二）试剂

（1）$0.01 \ mol \cdot L^{-1}$ 的氯化钾溶液：称取干燥分析纯 0.745 6 g KCl 溶于刚煮沸过的冷蒸馏水中，于 25 ℃ 稀释至 1 L，贮于塑料瓶中备用。

这一参比标准溶液在 25 ℃ 时的电阻率是 $1.412\ dS \cdot m^{-1}$。

（2）$0.02\ mol \cdot L^{-1}$ 的氯化钾溶液：称取 $1.491\ 1\ g\ KCl$，同（1）方法配成 1 L，则 25 ℃ 时的电阻率是 $2.765\ dS \cdot m^{-1}$。

三、实验步骤

（1）称取 4 g 风干土放在大试管中，加水 20 mL，盖紧皮塞，振荡 3 min，静置澄清后，不需要过滤，直接测定。

（2）测量液体温度。测一批样品时，应每隔 10 min 测 1 次液温，在 10 min 内所测样品可用前后两次液温的平均温度或者在 25 ℃ 恒温水浴中测定。

（3）将电极用待测液淋洗 1～2 次（如待测液少或不易取出时可用水冲洗，用滤纸吸干），再将电极插入待测液中，使铂片全部浸没在液面下，并尽量插在液体的中心部位。

按电导仪说明书调节电导仪，测定待测液的电导度（S），记下读数。每个样品应重复读取 2～3 次，以防偶尔出现的误差。

四、结果计算

$$EC_{25} = 电极常数(K) \times 电导度(S) \times 温度校正系数(ft) \quad （27.5）$$

式中：EC_{25}——土壤浸出液的电导率，$dS \cdot m^{-1}$；

　　　K——电极常数；

　　　S——电导度，$dS \cdot m^{-1}$；

　　　ft——温度校正系数。

一般电导仪的电极常数值已在仪器上补偿，故只要乘以温度校正系数即可，不需要再乘电极常数。温度校正系数（ft）可查表 27-1。粗略校正时，可按每增高 1 ℃，电导度约增加 2% 计算。

当液温在 17～35 ℃ 之间时，液温与标准液温（25 ℃）每差 1 ℃，则电导率约增、减 2%，所以 EC_{25} 也可按式（27.6）直接算出。

表 27-1　电阻或电导的温度校正系数（ft）

温度/°C	校正值	温度/°C	校正值	温度/°C	校正值	温度/°C	校正值	温度/°C	校正值
3.0	1.709	19.0	1.136	23.0	1.043	27.0	0.960	31.0	0.890
4.0	1.660	19.2	1.131	23.2	1.038	27.2	0.956	31.2	0.887
5.0	1.663	19.4	1.127	23.4	1.034	27.4	0.953	31.4	0.884
6.0	1.569	19.6	1.122	23.6	1.029	27.6	0.950	31.6	0.880
7.0	1.528	19.8	1.117	23.8	1.025	27.8	0.947	31.8	0.877
8.0	1.488	20.0	1.112	24.0	1.020	28.0	0.943	32.0	0.873
9.0	1.448	20.2	1.107	24.2	1.016	28.2	0.940	32.2	0.870
10.0	1.411	20.4	1.102	24.4	1.012	28.4	0.936	32.4	0.867
11.0	1.375	20.6	1.097	24.6	1.008	28.6	0.932	32.6	0.864
12.0	1.341	20.8	1.092	24.8	1.004	28.8	0.929	32.8	0.861
13.0	1.309	21.0	1.087	25.0	1.000	29.0	0.925	33.0	0.858
14.0	1.277	21.2	1.082	25.2	0.996	29.2	0.921	34.0	0.843
15.0	1.247	21.4	1.078	25.4	0.992	29.4	0.918	35.0	0.829
16.0	1.218	21.6	1.073	25.6	0.988	29.6	0.914	36.0	0.815
17.0	1.189	21.8	1.068	25.8	0.983	29.8	0.911	37.0	0.801
18.0	1.163	22.0	1.064	26.0	0.979	30.0	0.907	38.0	0.788
18.2	1.157	22.2	1.060	26.2	0.975	30.2	0.904	39.0	0.775
18.4	1.152	22.4	1.055	26.4	0.971	30.4	0.901	40.0	0.763
18.6	1.147	22.6	1.051	26.6	0.967	30.6	0.897	41.0	0.750
18.8	1.142	22.8	1.047	26.8	0.964	30.8	0.894		

$$EC_t = S_t \times K \qquad\qquad (27.6)$$

$$EC_{25} = EC_t - [(t - 25) \times 2\% \times EC_t]$$
$$= EC_t[1 - (t - 25) \times 2\%]$$
$$= KS_t[1 - (t - 25) \times 2\%]$$

目前国内多采用 5：1 水土比例的浸出液作电导率测定，直接用土壤浸出液的电导率来表示土壤水溶性盐总量。美国用水饱和的土浆浸出液的电导率来估计土壤全盐量，其结果较接近田间情况，并已有明确的应用指标，如表 27-2 所示。

表 27-2　土壤饱和浸出液的电导率与盐分和作物生长关系

饱和浸出液 $EC_{25}/dS \cdot m^{-1}$	盐分/ $g \cdot kg^{-1}$	盐渍化程度	植物反应
0～2	<1.0	非盐渍化土壤	对作物不产生盐害
2～4	1.0～3.0	盐渍化土壤	对盐分极敏感的作物产量可能产生影响
4～8	3.0～5.0	中度盐土	对盐分敏感作物产量产生影响，但对耐盐作物（苜蓿、棉花、甜菜、高粱、谷子）无多大影响
8～16	5.0～10.0	重盐土	只有耐盐作物有收成，但影响种子发芽，而且出现缺苗，严重影响产量
>16	>10.0	极重盐土	只有极少数耐盐植物能生长，如牧草、灌木、树木等

【注释】

（1）电极常数 K 的测定。

电极的铂片面积与距离不一定是标准的，因此必须测定电极常数 K 值。测定方法是：用电导电极来测定已知电导率的 KCl 标准溶液的电导度，即可算出该电极常数 K 值。不同温度时 KCl 标准溶液的电导度如表 27-3 所示。

表 27-3　0.020 00 mol KCl 标准溶液在不同温度下的电导度　　单位：$dS \cdot m^{-1}$

$T/°C$	电导度	$T/°C$	电导度	$T/°C$	电导度	$T/°C$	电导度	$T/°C$	电导度
11	2.043	15	2.243	19	2.449	23	2.659	27	2.873
12	2.093	16	2.294	20	2.501	24	2.712	28	2.927
13	2.142	17	2.345	21	2.553	25	2.765	29	2.981
14	2.193	18	2.397	22	2.606	26	2.819	30	3.036

$$K = EC/S \tag{27.7}$$

式中：K——电极常数；

　　　EC——KCl 标准溶液的电导率，$dS \cdot m^{-1}$；

　　　S——测得 KCl 标准溶液的电导度，$dS \cdot m^{-1}$。

（2）电导电极使用前后应浸在蒸馏水内，以防止铂黑惰化。如果发现镀铂黑的电极失灵，可浸在 1∶9 的硝酸或盐酸中 2 min，然后用蒸馏水冲洗后再测量。如情况无改善，则应重镀铂黑，将镀铂黑的电极浸入王水中，电解数分钟，每分钟改变电流方向一次，铂黑即行溶解，铂片恢复光亮。用重铬酸钾浓硫酸的温热溶液浸洗，使其彻底洁净，再用蒸馏水冲洗。将电极插入 100 mL 溶有氯化铂 3 g 和醋酸铅 0.02 g 配成的水溶液中，接在 1.5 V 的干电池上电解 10 min，5 min 改变电流方向 1 次，就可得到均匀的铂黑层，用水冲洗电极，不用时浸在蒸馏水中。

（3）一个样品测定后及时用蒸馏水冲洗电极，如果电极上附着有水滴，可用滤纸吸干，以备下一个样品继续使用。

实验二十八
土壤可溶性盐分量的测定

盐碱土对作物危害的程度，不仅与土壤总含盐量的高低有关，而且与盐分组成的类型有关。盐分的离子组成不同，对作物的危害程度也不同。土壤水溶性盐中的阴离子和阳离子主要包括 Cl^-、SO_4^{2-}、CO_3^{2-}、HCO_3^-、Ca^{2+}、Mg^{2+}、K^+、Na^+。目前测定土壤水溶性阳离子和阴离子的方法较多。国外通常采用火焰-原子吸收光谱法（FL-AAS）来测定水溶性阳离子，用比色法测定 Cl^- 和 SO_4^{2-}，用滴定法测定 HCO_3^- 和 CO_3^{2-}。离子色谱法也能够测定土壤中的水溶性阳离子，但是很少用于水溶性阳离子分析。等离子发射光谱法（ICP-AES）测定 Ca^{2+}、Mg^{2+}、K^+、Na^+ 非常稳定，检测限低并且可以同时测定多种元素，但因其仪器昂贵，运行维护成本高，而且对待测液的要求也较严格，因此未得到广泛使用。

考虑到农业生产和科研工作对土壤水溶性盐测定所要求的准确度以及实验仪器设备的条件等，本书所选定的土壤阴离子和阳离子的测定方法为：Ca^{2+} 和 Mg^{2+}——EDTA 滴定法、原子吸收分光光度法；K^+ 和 Na^+——火焰光度法；CO_3^{2-} 和 HCO_3^-——中和滴定法（双指示剂法）；Cl^-——硝酸银滴定法（莫尔法）；SO_4^{2-}——EDTA 间接络合滴定法、硫酸钡比浊法。

一、土壤浸出液的制备

称取通过 1 mm 筛孔相当于 50.0 g 烘干土的风干土，放入 500 mL 的三角瓶中，用量筒准确加入 250 mL（如果土壤含水量为 3% 时，加水量应加以校正）无 CO_2 的蒸馏水，盖好瓶塞，在振荡机上或手摇振荡

3 min。然后将布氏漏斗与抽气系统相连，铺上与漏斗直径大小一致的紧密滤纸，缓缓抽气，使滤纸与漏斗紧贴，先倒少量土液于漏斗中心，使滤纸湿润并完全贴实在漏斗底上，再将悬浊土浆缓缓倒入，直至抽滤完毕。如果滤液开始浑浊应倒回重新过滤或弃去浊液，将清亮滤液收集备用。如果遇到碱性土壤，分散性很强或质地黏重的土壤，难以得到清亮滤液时，最好用素陶瓷中孔（巴斯德）吸滤管减压过滤。此待测液即水土比为 5∶1 的土壤浸出液。

二、钙和镁的测定——EDTA 滴定法

（一）实验原理

在不同 pH 条件下，一个分子 EDTA 能与一个不同金属阳离子配位形成稳定络合物，通过调节待测液的 pH，加钙、镁指示剂进行滴定。在 pH 值为 10 的 NH_4OH-NH_4Cl 缓冲溶液中，指示剂酸性铬蓝 K-萘酚绿 B 或铬黑 T 与 Ca^{2+} 和 Mg^{2+} 形成红色络合物，溶液呈紫红色。在用 EDTA 滴定时，Ca^{2+} 和 Mg^{2+} 被 EDTA 夺取，紫红色逐渐减弱，指示剂的蓝色逐渐显露，直至被全部夺取，溶液变为蓝色，即达 Ca^{2+} 和 Mg^{2+} 总量的滴定终点。当用 NaOH 将待测液 pH 值调至 12 时，Mg^{2+} 变为 $Mg(OH)_2$ 沉淀，即可单独测定 Ca^{2+} 的含量。由 Ca^{2+} 和 Mg^{2+} 总量减去 Ca^{2+} 的含量，即 Mg^{2+} 的含量。

（二）实验仪器及试剂

1. 仪器

磁搅拌器、10 mL 半微量滴定管。

2. 试剂

（1）0.01 mol/L EDTA 标准溶液：称取 3.722 5 g EDTA（乙二胺四乙酸二钠盐（$C_{10}H_{14}O_8N_2Na_2 \cdot 2H_2O$））溶于无二氧化碳蒸馏水中，定容至 1 L，用 0.01 $mol \cdot mL^{-1}$Ca 标准溶液标定，此液贮存在塑料瓶中。

（2）0.01 $mol \cdot mL^{-1}$ Ca 标准溶液：准确称取在 105 ℃下烘干 4~6 h

的（分析纯）$CaCO_3$ 0.500 4 g 溶于 25 mL 0.5 mol·mL^{-1} HCl 中煮沸除去 CO_2，用无 CO_2 蒸馏水定溶于 500 mL 容量瓶。

（3）2 mol·L^{-1} 的氢氧化钠溶液：称取 80 g 氢氧化钠（NaOH，分析纯）溶于无二氧化碳的蒸馏水中，定容至 1 L，密闭贮存于塑料瓶中备用。

（4）铬黑 T 指示剂：溶解铬黑 T 0.2 g 于 50 mL 甲醇中，贮于棕色瓶中备用，此液每月配制 1 次，或者溶解铬黑 T 0.2 g 于 50 mL 二乙醇胺中，贮于棕色瓶，此溶液比较稳定，可用数月，或者称铬黑 T 0.5 g 与干燥 NaCl（分析纯）100 g 共同在玛瑙研钵内研细，贮于棕色瓶中，用毕即刻盖好，可长期使用。

（5）酸性铬蓝 K-萘酚绿 B 混合指示剂（K-B 指示剂）：称取酸性铬蓝 K 0.5 g 和萘酚绿 B 1 g 与干燥 NaCl（分析纯）100 g 共同研磨成细粉，贮于棕色瓶或塑料瓶中，用毕即刻盖好。可长期使用。或者称取酸性铬蓝 K 0.1 g，萘酚绿 B 0.2 g，溶于 50 mL 水中备用，此溶液每月配制 1 次。

（6）浓 HCl（化学纯，$\rho = 1.19$ g·mL^{-1}）。

（7）1∶1 HCl：取 1 份盐酸（化学纯）加 1 份水。

（8）pH10 缓冲溶液：称取氯化铵（化学纯）67.5 g 溶于无 CO_2 的水中，加入新开瓶的浓氨水（化学纯，$\rho = 0.9$ g·mL^{-1}，含氨 25%）570 mL，用水稀释至 1 L，贮于塑料瓶中，并注意防止吸收空气中的 CO_2。

（三）实验步骤

1. Ca^{2+} 和 Mg^{2+} 含量的测定

吸取 20 mL 土壤浸出液或水样转入 150 mL 的烧杯中，加 2 滴 1∶1 HCl 摇动，加热煮沸 1 min，除去 CO_2，冷却。加 3.5 mL pH 10 缓冲液，加 1~2 滴铬黑 T 指示剂，用 EDTA 标准溶液滴定，终点颜色由深红色到天蓝色（如加 K-B 指示剂则终点颜色由紫红变成蓝绿色），记录 EDTA 用量（V_1）。

2. 钙的测定

（1）吸取 20 mL 土壤浸出液或水样转入 150 mL 烧杯中，加 2 滴 1∶1

HCl，加热煮沸 1 min，除去 CO_2，冷却，将烧杯放在磁搅拌器上，杯下垫一张白纸，以便观察颜色变化。

（2）在此溶液中加 3 滴 4 $mol·mL^{-1}$ 的 NaOH 中和 HCl，然后每 5 mL 待测液再加 1 滴 NaOH 和适量 K-B 指示剂（约 0.1 g），搅动以便 $Mg(OH)_2$ 沉淀。

（3）用 EDTA 标准溶液滴定，其终点由紫红色变化至蓝绿色。当接近终点时，应放慢滴定速度，5～10 s 加 1 滴。如果无磁搅拌器时应充分搅动，谨防滴定过量，否则将会达不到准确的滴定终点。记录 EDTA 用量（V_2）。

（四）结果计算

$$Ca^{2+}\left(\frac{1}{2}Ca^{2+}\right)(cmol·kg^{-1}) = \frac{cV_2·2·ts}{m}·1\,000 \tag{28.1}$$

$$Ca^{2+}(g·kg^{-1}) = \frac{cV_2 \times 2 \times ts \times 0.020}{m} \times 1\,000 \tag{28.2}$$

$$Mg^{2+}\left(\frac{1}{2}Mg\right)(cmol·kg^{-1}) = \frac{c(V_1 - V_2) \times 2 \times ts}{m} \times 1\,000 \tag{28.3}$$

$$Mg^{2+}(g·kg^{-1}) = \frac{c(V_1 - V_2) \times 2 \times ts \times 0.012\,2}{m} \times 1\,000 \tag{28.4}$$

式（28.1）～式（28.4）中：

V_1——滴定 Ca^{2+}、Mg^{2+} 含量时所用的 EDTA 体积，mL；

V_2——滴定 Ca^{2+} 时所用的 EDTA 体积，mL；

c——EDTA 标准溶液的浓度，$mol·mL^{-1}$；

ts——分取倍数，250 mL/20 mL；

m——烘干土壤样品的质量，g；

2——每克分子浓度换算为当量浓度的系数；

0.020——每毫克当量 Ca^{2+} 的克数；

0.012 2——每毫克当量 Mg^{2+} 的克数。

【注释】

（1）浸提液中的 $Ca(HCO_3)_2$ 极易分解而形成 $CaCO_3$ 沉淀，因此，在浸提液被提取后应立即测定，或在滴定前先加 HCl 酸化，然后再滴定。

（2）测定 Ca^{2+} 时，$Mg(OH)_2$ 沉淀会吸附 Ca^{2+}，并在达到终点后逐渐释放出来，此时应按最后的终点计算。

（3）已与 Mg^{2+} 络合的金属指示剂与 EDTA 的反应在室温下不能瞬间完成，因此，接近终点时须缓慢滴定。如将溶液加热至 50~60 ℃ 时，反应加速，可用常速滴定。

三、钙和镁的测定——原子吸收分光光度法

（一）实验原理

将待测液吸喷雾化入空气-乙炔火焰中，使钙、镁原子化，在 422.7 nm 和 285.2 nm 共振线分别吸收和定量钙和镁。空气-乙炔火焰燃烧稳定，易于操作，重复性好，噪声小，燃烧速度比较低，使用安全。

（二）实验仪器及试剂

1. 仪器

原子吸收分光光度计、Ca 和 Mg 空心阴极灯、容量瓶（50 mL）、移液管。

2. 试剂

（1）$50 \text{ g} \cdot \text{L}^{-1} \text{ LaCl}_3 \cdot 7H_2O$ 溶液：称取 13.40 g $\text{LaCl}_3 \cdot 7H_2O$ 溶于 100 mL 水中，此为 $50 \text{ g} \cdot \text{L}^{-1}$ 镧溶液。

（2）$100 \text{ µg} \cdot \text{mL}^{-1} \text{Ca}$ 标准溶液：称取 $CaCO_3$（分析纯，在 110 ℃ 烘 4 h）溶于 $1 \text{ mol} \cdot \text{L}^{-1}$ HCl 溶剂中，煮沸赶去 CO_2，用水洗入 1 000 mL 容量瓶中，定容。此溶液 Ca 浓度为 $1 000 \text{ µg} \cdot \text{mL}^{-1}$，再稀释成 $100 \text{ µg} \cdot \text{mL}^{-1}$ Ca 标准溶液。

（3）$25 \text{ µg} \cdot \text{mL}^{-1} \text{Mg}$ 标准溶液：称金属镁（化学纯）0.100 0 g 溶于少量 $6 \text{ mol} \cdot \text{L}^{-1}$ HCl 溶剂中，用水洗入 1 000 mL 容量瓶中，此溶液 Mg 浓度为 $100 \text{ µg} \cdot \text{mL}^{-1}$，再稀释成 $25 \text{ µg} \cdot \text{mL}^{-1}$ Mg 标准溶液。

将以上这两种标准溶液配制成 Ca、Mg 混合标准溶液系列，含 Ca

量 0 ~ 20 μg·mL^{-1}，含 Mg 量 0 ~ 1.0 μg·mL^{-1}，最后应含有与待测液相同浓度的 HCl 和 LaCl$_3$。

（三）实验步骤

吸取 20 mL 的土壤浸出液于 50 mL 容量瓶中，加 50 g·L^{-1}LaCl$_3$溶液 5 mL，用去离子水定容。在原子吸收分光光度计上分别在 422.7 nm（Ca）及 285.2 nm（Mg）波长处测定钙和镁的吸收值。可用自动进样系统或手控进样，读取记录标准溶液和待测液的结果，并在标准曲线上查出（或回归法求出）待测液的测定结果。在批量测定中，应按照一定时间间隔用标准溶液校正仪器，以保证测定结果的正确性。

（四）结果计算

$$Ca^{2+}\left(\frac{1}{2}Ca^{2+}\right)(cmol \cdot kg^{-1}) = \frac{c}{0.020} \tag{28.5}$$

$$Ca^{2+}(g \cdot kg^{-1}) = \frac{c \times V \times ts}{m} \times 1\,000 \tag{28.6}$$

$$Mg^{2+}\left(\frac{1}{2}Mg^{2+}\right)(cmol \cdot kg^{-1}) = \frac{\rho}{0.012\,2} \tag{28.7}$$

$$Mg^{2+}(g \cdot kg^{-1}) = \frac{\rho \times V \times ts}{m} \times 1\,000 \tag{28.8}$$

式中：V——待测液体积，50 mL；

V_2——滴定 Ca^{2+} 时所用的 EDTA 体积，mL；

c——Ca^{2+} 的质量浓度，μg·mL^{-1}；

ρ——Mg^{2+} 的质量浓度，μg·mL^{-1}；

ts——分取倍数，250 mL/20 mL；

m——烘干土壤样品的质量，g；

0.020——每毫克当量 Ca^{2+} 的克数；

0.012 2——每毫克当量 Mg^{2+} 的克数。

四、钾和钠的测定——火焰光度法

（一）实验原理

K、Na 元素通过火焰燃烧容易激发而放出不同能量的谱线，用火焰光度计测试出来，以确定土壤溶液中的 K^+、Na^+ 含量。

（二）实验仪器及试剂

1. 仪器

火焰光度计、容量瓶（50 mL）、移液管。

2. 试剂

（1）0.1 mol · L^{-1} 1/6 $Al_2(SO_4)_3$ 溶液：称取 34 g $Al_2(SO_4)_3$ 或 66 g $Al_2(SO_4)_3$ · 18H_2O 溶于水中，稀释至 1 L。

（2）100 μg · mL^{-1} K 标准溶液：称取在 105 ℃烘 4 ~ 6 h 的 KCl（分析纯）1.906 9 g 溶于水中，定容至 1 L，则含 K 为 1 000 μg · mL^{-1}，吸取此液 100 mL，定容至 1 000 mL，则得 100 μg · mL^{-1} K 标准溶液。

（3）250 μg · mL^{-1} Na 标准溶液：称取在 105 ℃烘 4 ~ 6 h 的 NaCl（分析纯）2.542 g 溶于水中，定容成 1 L，则含 Na 为 1 000 μg · mL^{-1}，吸取此液 250 mL，定容至 1 000 mL，则得 250 μg · mL^{-1} Na 标准溶液。

按需要可将 K、Na 两标准溶液配成不同浓度和比例的混合标准溶液，如将 100 μg · mL^{-1} 的 K 溶液和 250 μg · mL^{-1} 的 Na 标准溶液等量混合则得 K 为 50 μg · mL^{-1} 和 Na 为 125 μg · mL^{-1} 的混合标准溶液，贮在塑料瓶中备用。

（三）实验步骤

吸取土壤浸出液 20 mL，放入 50 mL 容量瓶中，加 $Al_2(SO_4)_3$ 溶液 1 mL，定容。然后，在火焰光度计上测试（每测一个样品都要用水或被测液充分吸洗喷雾系统），记录检流计读数，在标准曲线上查出它们的浓度，也可利用带有回归功能的计算器算出待测液的浓度。

标准曲线的制作。吸取 K、Na 混合标准溶液 0 mL，2 mL，4 mL，

6 mL，8 mL，10 mL，12 mL，16 mL，20 mL，分别移入 9 个 50 mL 的容量瓶中，分别加入 1 mL $Al_2(SO_4)_3$，定容，则分别含 K 量为 $0\ \mu g \cdot mL^{-1}$，$2\ \mu g \cdot mL^{-1}$，$4\ \mu g \cdot mL^{-1}$，$6\ \mu g \cdot mL^{-1}$，$8\ \mu g \cdot mL^{-1}$，$10\ \mu g \cdot mL^{-1}$，$12\ \mu g \cdot mL^{-1}$，$16\ \mu g \cdot mL^{-1}$，$20\ \mu g \cdot mL^{-1}$ 和含 Na 量为 $0\ \mu g \cdot mL^{-1}$，$5\ \mu g \cdot mL^{-1}$，$10\ \mu g \cdot mL^{-1}$，$15\ \mu g \cdot mL^{-1}$，$20\ \mu g \cdot mL^{-1}$，$25\ \mu g \cdot mL^{-1}$，$30\ \mu g \cdot mL^{-1}$，$40\ \mu g \cdot mL^{-1}$，$50\ \mu g \cdot mL^{-1}$。

用上述系列标准溶液，在火焰光度计上用各自的滤光片分别测出 K 和 Na 在检流计上的读数。以检流计读数为纵坐标，绘制 K、Na 的标准曲线或求出回归方程。

（四）结果计算

$$K^+ 或 Na^+ (g \cdot kg^{-1}) = \frac{\rho \times V \times ts}{m} \times 1\ 000 \tag{28.9}$$

$$K^+ 或 Na^+ (\mu g \cdot mL^{-1}) = \frac{\rho \times V}{V_1} \tag{28.10}$$

式中：ρ——K$^+$ 或 Na$^+$ 的质量浓度，$\mu g \cdot mL^{-1}$；

　　　ts——分取倍数，250 mL/20 mL；

　　　V——待测液体积，50 mL；

　　　V_1——吸取浸出液体积，20 mL；

　　　m——烘干土的质量，g。

【注释】

为抵消 K、Na 二者的相互干扰，可把 K、Na 配成混合标准溶液，而待测液中的 Ca 对 K 干扰不大，但对 Na 影响较大。当 Ca 达 $400\ mg \cdot kg^{-1}$ 时对 K 测定无影响，而 Ca 在 $20\ mg \cdot kg^{-1}$ 时对 Na 就有干扰，可用 $Al_2(SO_4)_3$ 抑制 Ca 的激发减少干扰，其他 Fe^{3+} 为 $200\ mg \cdot kg^{-1}$、Mg^{2+} 为 $500\ mg \cdot kg^{-1}$ 时对 K、Na 测定皆无干扰，在一般情况下（特别是水浸出液）上述元素未达到此限。

五、碳酸根和重碳酸根的测定——双指示剂滴定法

CO_3^{2-} 和 HCO_3^- 是盐碱土或碱土中的重要成分。在盐土中常含有大量

的 HCO_3^-，在盐碱土或碱土中不仅有 HCO_3^-，也有 CO_3^{2-}，而 OH^- 很少发现，但在地下水或受污染的河水中有 OH^- 存在。在盐土或盐碱土中，由于淋洗作用而使 Ca^{2+} 或 Mg^{2+} 在土壤下层形成 $CaCO_3$ 和 $MgCO_3$ 或者 $CaSO_4 \cdot 2H_2O$ 和 $MgSO_4 \cdot H_2O$ 沉淀，致使土壤上层 Ca^{2+}、Mg^{2+} 减少，$Na^+/(Ca^{2+} + Mg^{2+})$ 比值增大，土壤胶体对 Na^+ 的吸附增多，这样就会导致碱土的形成，同时土壤中就会出现 CO_3^{2-}。这是因为土壤胶体吸附的钠水解形成 NaOH，而 NaOH 又吸收土壤空气中的 CO_2 形成 Na_2CO_3。

（一）实验原理

土壤水浸出液中同时存在 CO_3^{2-} 和 HCO_3^- 时，可以采用双指示剂进行滴定：第一步，在待测液中加入酚酞指示剂，用标准酸滴定至溶液由红色变为无色（pH 为 8.3），此时 CO_3^{2-} 只被中和为 HCO_3^-；第二步，加入溴酚蓝指示剂，继续用标准酸滴定，直至溶液的蓝紫色刚褪去（pH 为 4.1），此时溶液中原有的 HCO_3^- 和第一步中由 CO_3^{2-} 生成的 HCO_3^- 全部被中和为 CO_3^{2-}。其化学反应为

$$Na_2CO_3 + HCl = NaHCO_3 + NaCl（pH = 8.3 \text{ 时为酚酞终点}）$$

$$Na_2HCO_3 + HCl = NaCl + CO_2\uparrow + H_2O（pH = 4.1 \text{ 时为溴酚蓝终点}）$$

由标准酸的两步用量可分别求得土壤中 CO_3^{2-} 和 HCO_3^- 的含量。

（二）实验仪器及试剂

1. 仪器

三角瓶（150 mL）、移液管、酸式滴定管。

2. 试剂

（1）$5 \text{ g} \cdot \text{L}^{-1}$ 酚酞指示剂：称取酚酞指示剂 0.5 g，溶于 100 mL 的 $600 \text{ mL} \cdot \text{L}^{-1}$（60%）的乙醇中。

（2）$1 \text{ g} \cdot \text{L}^{-1}$ 溴酚蓝指示剂：称取溴酚蓝 0.1 g，在少量 $950 \text{ mL} \cdot \text{L}^{-1}$ 的乙醇中研磨溶解，然后用乙醇稀释至 100 mL。

（3）$0.01 \text{ mol} \cdot \text{L}^{-1} 1/2 H_2SO_4$ 标准溶液：量取浓 H_2SO_4（$\rho = 1.84 \text{ g} \cdot \text{mL}^{-1}$）

2.8 mL，加入去二氧化碳的蒸馏水至 1 L，此溶液浓度约为 0.1 mol/L，将此溶液再稀释 10 倍，再用标准硼砂标定其准确浓度，即得 0.02 mol/L 硫酸标准溶液。

（三）实验步骤

吸取 20 mL 土壤浸出液，转入 100 mL 的烧杯中。把烧杯放在磁搅拌器上开始搅拌，或用其他方式搅拌，加酚酞指示剂 1~2 滴（每 10 mL 加指示剂 1 滴），如果有紫红色出现，即表示有碳酸盐存在，用 H_2SO_4 标准溶液滴定至浅红色刚一消失即至终点，记录所用 H_2SO_4 溶液的体积（V_1）。

溶液中再加溴酚蓝指示剂 1~2 滴（每 5 mL 加指示剂 1 滴），在搅拌中继续用标准 H_2SO_4 溶液滴定至蓝紫色刚褪去即至终点，记录加溴酚蓝指示剂后所用 H_2SO_4 标准溶液的体积（V_2）。

（四）结果计算

$$CO_3^{2-}\left(\frac{1}{2}CO_3^{2-}\right)(mmol \cdot kg^{-1}) = \frac{2V_1 \times c \times ts}{m} \times 100 \qquad （28.11）$$

$$CO_3^{2-}(g \cdot kg^{-1}) = 1/2CO_3^{2-}(mmol \cdot kg^{-1}) \times 0.030\ 0 \qquad （28.12）$$

$$HCO_3^{-}(mmol \cdot kg^{-1}) = \frac{(V_2 - 2V_1) \times c \times ts}{m} \times 100 \qquad （28.13）$$

$$HCO_3^{-}(g \cdot kg^{-1}) = HCO_3^{-}(mmol \cdot kg^{-1}) \times 0.061\ 0 \qquad （28.14）$$

式（28.11）~ 式（28.14）中：

V_1——酚酞指示剂达终点时所消耗的 H_2SO_4 体积，此时碳酸盐只是半中和，因此需要 $2V_1$，mL；

V_2——溴酚蓝为指示剂达终点时所消耗的 H_2SO_4 体积，mL；

c——H_2SO_4 标准溶液的浓度，mol $\cdot$ L^{-1}；

ts——分取倍数，250 mL/20 mL；

0.030 0——1/2CO$_3^{2-}$ 的毫摩尔质量，g $\cdot$ mmol^{-1}；

0.061 0——HCO$_3^-$ 的毫摩尔质量，g·mmol。

【注释】

（1）滴定时标准酸如果采用 H$_2$SO$_4$，则滴定后的溶液可以继续测定 Cl$^-$ 的含量。

（2）对于质地黏重、碱度较高或有机质含量高的土壤，会使溶液带有黄棕色，终点很难确定，可采用电位滴定法（即采用电位指示的突变滴定终点）。

六、氯离子的测定——硝酸银滴定法（莫尔法）

Cl$^-$ 因其在盐土中含量很高（有时高达水溶性盐总量的 80% 以上），所以常被用来表示盐土的盐化程度，作为盐土分类和改良的主要参考指标。因此 Cl$^-$ 的测定是盐土分析中的一个必测项目，甚至在有些情况下只测定 Cl$^-$ 就可以判断盐化程度。测定 Cl$^-$ 的方法有以二苯基甲酰肼为指示剂的硝酸汞滴定法和以 K$_2$CrO$_4$ 为指示剂的硝酸银滴定法（莫尔法）。前者滴定终点明显，灵敏度较高，但需调节溶液酸度，操作步骤烦琐，并且汞有毒。后者简便快速，滴定在中性或微酸性介质中进行，尤其适用于盐渍化土壤中 Cl$^-$ 测定，应用较广。

（一）实验原理

在中性的溶液中，用铬酸钾（K$_2$CrO$_4$）作为指示剂，用硝酸银（AgNO$_3$）标准溶液滴定 Cl$^-$，Ag$^+$ 首先与 Cl$^-$ 作用生成白色氯化银（AgCl）沉淀，随后与 CrO$_4^{2-}$ 作用生成砖红色铬酸银（Ag$_2$CrO$_4$）沉淀，即至反应终点，其化学反应如下：

$$Cl^- + Ag^+ \longrightarrow AgCl\downarrow （白色）$$

$$CrO_4^{2-} + 2Ag^+ \longrightarrow Ag_2CrO_4\downarrow （砖红色）$$

AgCl 和 Ag$_2$CrO$_4$ 虽然都是沉淀，但在室温下，AgCl 的溶解度（1.5×10^{-3}g·L^{-1}）比 Ag$_2$CrO$_4$ 的溶解度（2.5×10^{-3}g·L^{-1}）小，所以当

溶液中加入 $AgNO_3$ 时，Cl^- 首先与 Ag^+ 作用形成白色的 AgCl 沉淀，当溶液中 Cl^- 全被 Ag^+ 沉淀后，则 Ag^+ 与 CrO_4^{2-} 起作用，形成砖红色 Ag_2CrO_4 沉淀，此时即达终点。

（二）实验仪器及试剂

1. 仪器

磁搅拌器、移液管、三角瓶（150 mL）、滴定管。

2. 试剂

（1）50 $g \cdot L^{-1}$ 铬酸钾指示剂：称取 5 g K_2CrO_4 溶解于大约 75 mL 水中，滴加饱和的 $AgNO_3$ 溶液，直到出现砖红色 Ag_2CrO_4 沉淀为止，再避光放置 24 h，倾清或过滤除去 Ag_2CrO_4 沉淀，半清液稀释至 100 mL，贮在棕红瓶中，备用。

（2）0.025 $mol \cdot L^{-1}$ 硝酸银标准溶液：称取 4.246 8 g 在 105 ℃ 高温下烘 0.5 h 的 $AgNO_3$ 溶解于水中，稀释至 1 L。必要时用 0.01 $mol \cdot L^{-1}$ KCl 溶液标定其准确浓度。

（三）实验步骤

用滴定碳酸盐和重碳酸盐以后的溶液继续滴定 Cl^-。如果不用这个溶液，可另取 20 mL 土壤浸出液，用饱和 $NaHCO_3$ 溶液或 0.05 $mol \cdot L^{-1}$ H_2SO_4 溶液调至酚酞指示剂红色褪去。

每 3 mL 溶液加 K_2CrO_4 指示剂 1 滴，在磁搅拌器上，用 $AgNO_3$ 标准溶液滴定。无磁搅拌器时，滴加 $AgNO_3$ 时应随时搅拌或摇动，直到砖红色沉淀刚好出现且不再消失为止。

（四）结果计算

$$Cl^-(mmol \cdot kg^{-1}) = \frac{c \times V \times ts}{m} \times 100 \qquad (28.15)$$

$$Cl^-(g \cdot kg^{-1}) = Cl^-(mmol \cdot kg^{-1}) \times 0.035\ 45 \qquad (28.16)$$

式（28.15）、式（28.16）中：

c——AgNO$_3$ 摩尔浓度，mol·L^{-1}；

V——消耗的 AgNO$_3$ 标准溶液体积，mL；

ts——分取倍数，250 mL/20 mL；

m——烘干土样质量，g；

0.035 45——Cl$^-$ 的毫摩尔质量，g·mmol。

【注释】

（1）用 AgNO$_3$ 滴定 Cl$^-$ 时应在中性溶液中进行（若 pH 不在滴定范围内，可用碳酸氢钠溶液调节），因为在酸性环境中会发生如下反应：

$$CrO_4^{2-} + H^+ \longrightarrow HCrO_4^-$$

因而降低了 K$_2$CrO$_4$ 指示剂的灵敏性，如果在碱性环境中：

$$Ag^+ + OH^- \longrightarrow AgOH\downarrow$$

而 AgOH 饱和溶液中的 Ag$^+$ 浓度比 Ag$_2$CrO$_4$ 饱和溶液中的小，所以 AgOH 将先于 Ag$_2$CrO$_4$ 沉淀出来，因此，虽达 Cl$^-$ 的滴定终点而无砖红色沉淀出现，这样就会影响 Cl$^-$ 的测定。所以用测定 CO$_3^{2-}$ 和 HCO$_3^-$ 以后的溶液进行 Cl$^-$ 的测定比较合适。在黄色光下滴定，终点更易辨别。

（2）当从苏打盐土中提取出的浸出液颜色发暗不易辨别终点颜色变化时，改用电位滴定法代替。

（3）铬酸钾指示剂的用量与滴定终点到达的快慢有关。根据计算，以 3 mL 待测液加 1 滴铬酸钾指示剂为宜。

七、硫酸根的测定——硫酸钡比浊法

（一）方法原理

在一定条件下，向试液中加入氯化钡（BaCl$_2$）晶粒，使之与 SO$_4^{2-}$ 形成的硫酸钡（BaSO$_4$）沉淀分散成较稳定的悬浊液，用比色计或比浊计测定其浊度（吸光度）。同时绘制工作曲线，根据未知浊液的浊度查曲线，即可求得 SO$_4^{2-}$ 浓度小于 40 mg·mL^{-1} 的试液中的 SO$_4^{2-}$ 测定。

（二）实验仪器及试剂

1. 仪器

分光光度计（或比浊计）、量勺（容量 0.3 cm³ 盛 1.0 g 氯化钡）、三角瓶（50 mL）、移液管。

2. 试剂

（1）100 μg·mL⁻¹ SO_4^{2-} 标准溶液：称取 0.181 4 g 硫酸钾（优级纯，110 ℃烘 4 h）溶于水，定容至 1 L。

（2）稳定剂：称取 75.0 g 氯化钠（分析纯）溶于 300 mL 水中，加入 30 mL 浓盐酸和 100 mL95% 乙醇，再加入 50 mL 甘油，充分混合均匀。

（3）氯化钡晶粒：将氯化钡（$BaCl_2 \cdot 2H_2O$，分析纯）结晶磨细过筛，取粒度为 0.25~0.5 mm 之间的晶粒备用。

（三）实验步骤

吸取土壤浸出液 20.00 mL（SO_4^{2-} 浓度在 40 μg·mL⁻¹ 以上者，应减少用量，并用纯水准确稀释至 25.00 mL），转入 50 mL 三角瓶中。准确加入 1.0 mL 稳定剂和 1.0 g 氯化钡晶粒（可用量勺量取），三角瓶内放入磁搅拌棒，放在磁搅拌器上匀速搅拌 1 min，静置 4 min。将上述浊液在 15 min 内于 420 nm 或 480 nm 处进行比浊(比浊前须逐个摇匀浊液)。用同一土壤浸出液（25 mL 中加 1mL 稳定剂，不加氯化钡），调节比色（浊）计吸收值"0"点，或测读吸收值后在土样浊液吸收值中减去，从工作曲线上查得比浊液中的 SO_4^{2-} 含量（mg/25 mL）。记录测定时的室温。

校准曲线的绘制：分别准确吸取含 100 μg·mL⁻¹ SO_4^{2-} 标准溶液 0 mL、2 mL、4 mL、8 mL、12 mL、16 mL、20 mL，各放入 50 mL 容量瓶中，加水定容，即成为 0 μg·mL⁻¹、4 μg·mL⁻¹、8 μg·mL⁻¹、16 μg·mL⁻¹、24 μg·mL⁻¹、32 μg·mL⁻¹、40 μg·mL⁻¹ 的 SO_4^{2-} 标准系列溶液。吸取此标准系列溶液各 20.00 mL 转入 50 mL 三角瓶内，加 1.0 mL 稳定剂和 1.0 g 氯化钡晶粒，按上述与待测液相同的步骤，比浊后以吸光值为纵坐标、硫酸根浓度为横坐标绘制校准曲线或求出回归方程。

（四）结果计算

$$SO_4^{2-}(g \cdot kg^{-1}) = \frac{c \times 20 \times ts}{m \times 10^3} \qquad (28.17)$$

$$SO_4^{2-}(1/2SO_4^{2-})(mmol \cdot kg^{-1}) = SO_4^{2-}(g \cdot kg^{-1})/0.048\,0 \qquad (28.18)$$

式（28.17）、式（28.18）中：

c——由标准曲线查得的待测液中 SO_4^{2-} 的质量浓度，$\mu g \cdot mL^{-1}$；

ts——分取倍数，250 mL/20 mL；

m——称取烘干土的质量，g；

20——测定液体积，mL；

10^3——单位换算系数；

0.048 0——1/2 SO_4^{2-} 的毫摩尔质量，$g \cdot mmol^{-1}$。

八、硫酸根的测定——EDTA 间接络合滴定法

（一）实验原理

在微酸性介质中，用过量氯化钡将溶液中的硫酸根完全沉淀。过量 Ba^{2+} 连同待测液中原有的 Ca^{2+} 和 Mg^{2+}，在 pH 为 10 时，以铬黑 T 为指示剂，用 EDTA 标准液滴定。为了使终点明显，应添加一定量的镁。从加入钡、镁所消耗 EDTA 的量（用空白标定求得），与同体积待测液中原有 Ca^{2+}、Mg^{2+} 所消耗 EDTA 的量之和，减去待测液中原有 Ca^{2+}、Mg^{2+} 以及与 SO_4^{2-} 作用后剩余钡及镁所消耗 EDTA 的量，即消耗于沉淀 SO_4^{2-} 的 Ba^{2+} 量，从而可求得 SO_4^{2-} 量。如果待测液中 SO_4^{2-} 浓度过大，则应减少用量。

（二）实验仪器及试剂

1. 仪器

三角瓶（150 mL）、移液管、滴定管。

2. 试剂

（1）钡镁混合液：称取 2.44 g 氯化钡（$BaCl_2 \cdot 2H_2O$，化学纯）和 2.04 g 氯化镁（$MgCl_2 \cdot 6H_2O$，化学纯）溶于水中，稀释至 1 L，此溶液中 Ba^{2+} 和 Mg^{2+} 的浓度各为 0.01 mol·L^{-1}，每毫升约可沉淀 SO_4^{2-} 1 mg。

（2）0.01 mol·L^{-1} EDTA 二钠盐标准溶液：称取 3.722 5 g EDTA（乙二胺四乙酸二钠盐（$C_{10}H_{14}O_8N_2Na_2 \cdot 2H_2O$））溶于无二氧化碳的蒸馏水中，定容至 1 L，用 0.01 mol·mL^{-1} Ca 标准溶液标定，此溶液贮存在塑料瓶中。

（3）0.01 mol·mL^{-1} Ca 标准溶液：准确称取在 105 ℃ 下烘干 4～6 h 的（分析纯）$CaCO_3$ 0.500 4 g 溶于 25 mL 0.5 mol·mL^{-1} HCl 溶液中煮沸除去 CO_2，用无 CO_2 的蒸馏水定容于 500 mL 容量瓶。

（4）pH10 缓冲溶液：称取氯化铵（化学纯）67.5 g 溶于无 CO_2 的水中，加入新开瓶的浓氨水（化学纯，$\rho = 0.9$ g·mL^{-1}，含氨 25%）570 mL，用水稀释至 1 L，贮于塑料瓶中，并注意防止吸收空气中的 CO_2。

（5）铬黑 T 指示剂：溶解铬黑 T 0.2 g 于 50 mL 甲醇中，贮于棕色瓶中备用，此液每月配制 1 次，或者溶解铬黑 T 0.2 g 于 50 mL 二乙醇胺中，贮于棕色瓶中，此溶液比较稳定，可用数月，或者称取铬黑 T 0.5 g 与干燥 NaCl（分析纯）100 g 共同在玛瑙研钵内研细，贮于棕色瓶中，用毕即刻盖好，可长期使用。

（6）酸性铬蓝 K-萘酚绿 B 混合指示剂（K-B 指示剂）：称取酸性铬蓝 K 0.5 g 和萘酚绿 B 1 g 与干燥 NaCl（分析纯）100 g 共同研磨成细粉，贮于棕色瓶中或塑料瓶中，用毕即刻盖好。可长期使用。或者称取酸性铬蓝 K 0.1 g，萘酚绿 B 0.2 g，溶于 50 mL 水中备用，此液每月配制 1 次。

（7）1∶1 HCl：取 1 份盐酸（化学纯）加 1 份水。

（三）操作步骤

（1）吸取 20.00 mL 土水比为 1∶5 的土壤浸出液于 150 mL 三角瓶中，加 1∶1 HCl 5 滴，加热至沸，趁热用移液管缓缓地准确加入过量 25%～100% 的钡镁混合液（5～10 mL）继续微沸 5 min，然后放置 2 h 以上，保证 SO_4^{2-} 完全被沉淀。加 pH10 缓冲溶液 5 mL，加铬黑 T 指示剂

1～2 滴，或 K-B 指示剂 1 小勺（约 0.1 g），摇匀，用 EDTA 标准溶液滴定，溶液由酒红色变为纯蓝色。如果终点前颜色太浅，可补加一些指示剂，记录 EDTA 标准溶液的体积（V_1）。

（2）空白标定：取 20 mL 蒸馏水，加入 1∶1 HCl 溶液 5 滴，钡镁混合液 5 mL 或 10 mL（用量及步骤同上述待测液），pH10 缓冲溶液 5 mL 和铬黑 T 指示剂 1～2 滴或 K-B 指示剂 1 小勺（约 0.1 g），摇匀后，用 EDTA 标准溶液滴定，溶液由酒红色变为纯蓝色，记录 EDTA 标准溶液的体积（V_0）。

（3）土壤浸出液中钙镁含量的测定（如土壤中 Ca^{2+}、Mg^{2+} 已知，可免去此步骤）：吸取土壤浸出液 20 mL 转入 150 mL 三角瓶中，加 1∶1 HCl 溶液 5 滴酸化，加热至沸除去二氧化碳，冷却，加 pH10 缓冲溶液 5 mL，加铬黑 T 指示剂 1～2 滴，或 K-B 指示剂 1 小勺（约 0.1 g），摇匀，用 EDTA 标准溶液滴定，溶液由酒红色变为纯蓝色，记录 EDTA 标准溶液的用量（V_2）。

（四）结果计算

$$SO_4^{2-}(mmol \cdot kg^{-1}) = \frac{[V_0 - (V_1 - V_2)]c \times ts \times 2}{m} \times 100 \qquad （28.19）$$

$$SO_4^{2-}(g \cdot kg^{-1}) = SO_4^{2-}(mmol \cdot kg^{-1}) \times 0.048\ 0 \qquad （28.20）$$

式（28.19）、式（29.20）中：

V_0——钡镁剂（空白标定）所消耗的 EDTA 溶液的体积，mL；

V_1——待测液中原有 Ca^{2+}、Mg^{2+} 及 SO_4^{2-} 作用后剩余钡镁剂所消耗的总 EDTA 溶液的体积，mL；

V_2——同体积待测液中原有 Ca^{2+}、Mg^{2+} 所消耗的 EDTA 溶液的体积，mL；

c——EDTA 标准溶液的浓度，mol $\cdot$ L^{-1}；

ts——分取倍数，250 mL/20 mL；

m——烘干土样质量，g；

0.048 0——$1/2SO_4^{2-}$ 的毫摩尔质量，g$\cdot$mmol^{-1}。

【注释】

由于土壤中 SO_4^{2-} 含量变化较大，有些土壤 SO_4^{2-} 含量很高，可用下述方法判断所加沉淀剂 $BaCl_2$ 是否足量。

$V_2 + V_3 - V_1 = 0$，表明土壤中无 SO_4^{2-}；$V_2 + V_3 - V_1 < 0$，表明操作错误；$V_2 + V_3 - V_1 = A$（mL），（$A + A \times 25\%$）小于所加 $BaCl_2$ 体积，表明所加沉淀剂足量；（$A + A \times 25\%$）大于所加 $BaCl_2$ 体积，表明所加沉淀剂不够，应重新少取待测液，或者多加沉淀剂重新测定 SO_4^{2-}。

下篇

土壤学实习

土壤学实习的目的与意义及相关事宜

马克思主义认识论认为，认识是一个在实践基础上，由感性认识上升到理性认识，又由理性认识回到实践的辨证发展过程。在这个过程中，理性认识在感性认识基础上产生并依赖于感性认识而存在，离开了感性认识，人就不能深刻地理解概念和理论，与此同时，理性认识只有回到实践中才能发挥作用。因此，我们在土壤学课程学习的过程中也要注重理论与实践的紧密结合，努力培养适应社会发展需要、素质全面且具有创新精神的智能型、综合型人才。

一、土壤学实习的目的与意义

（1）土壤学野外实习作为土壤学课程教学环节的一个重要部分，通过野外实习，一方面结合实际，应用和验证课堂教学所学的理论与知识，加深和巩固对教材内容的理解，另一方面更重要的是学习常规土壤调查的基本技能和方法。

（2）土壤地理野外实习的重点是：学习与掌握土壤剖面的选点、挖掘、观察、描述与记载，土壤样品的采集、制备及保存，土壤理化性状的野外识别方法等。

（3）通过野外实地勘测，培养学生现场认知能力，锻炼学生独立进行野外土壤环境调查的能力。

（4）在实习过程中强化学生观察、分析和解决问题的能力，培养学生严谨认真的工作作风和实事求是的科学态度以及解决实际问题的能力，为今后的科学研究和实际工作打下良好的基础。

二、土壤学实习的要求

（1）学生应服从指导教师的安排，按时、按质、按量完成指导教师布置的任务，不得无故缺席。

（2）个人服从集体。任何学生不得自作主张，私自行动。如有特殊情况，必须向指导教师说明。

（3）要有乐于助人、敢于吃苦的奉献精神，要有团队合作意识。

（4）每天都应认真总结当天的实习过程中所遇到的问题，及时撰写实习日记及心得体会。

实习一
土壤样品的采集与制备

一、实习目的

土壤样品的采集与制备是土壤分析工作中的一个重要环节，也是土壤环境研究的基础与前提。土壤样品的采集是否科学、准确、有代表性及典型性，样品的制备保存是否正确合理，这些都决定着土壤调查研究工作的成败。一般土样分析误差主要包括采样、分样和分析三个方面，通常采样误差比分析误差高很多。如果采样布点不科学，所采集的土壤样品就没有代表性和典型性；如果土壤样品制备及保存不当而产生交叉污染，则即使样品分析做得再精确，也得不到正确的结果。这些都会造成人力、物力及财力的损失，甚至错误的分析结果会给社会经济和环境造成巨大危害。因此，为了开展土壤科学实验研究工作，为合理用土和改土提供科学依据，必须从正确地进行土壤样品的采集、制备及保存开始。

二、土壤样品的采集

（一）采样方法的选择

土壤样品的采集方法，根据分析目的不同而不同。研究土壤的理化性质、养分状况，应选择代表性样地，多点采取混合土壤样品；研究整个土体的形成发育，须按土壤发生层次采集土壤样品；进行土壤物理性质的测定，须采集原状土壤样品；研究土壤生态系统的结构与功能，则须选择有代表性的土壤类型，定位观测土壤的季节性动态变化。

（二）采样原则

（1）采样点要随机布设，以最能代表整个研究区域为原则。随机定点可以避免主观误差提高样品的代表性。

（2）采取土样时要注意时间因素，同一时间内采取的土样分析结果才具有可比性。土壤中有效养分的含量随着季节的改变而有很大的变化。一般采集时间是在晚秋或早春。

（3）采样点应避免田边、路边、沟边、渠边、堆肥点及其他特殊的地形部位。

（三）实习仪器与用具

铁锹、土钻、削土刀、环刀、米尺、土壤袋、纸盒、铝盒、铅笔、标签。

（四）混合土壤样品的采集

由于土壤的不均匀性，在一个采样单元内任意选若干点，把各点所采集的土壤混合起来构成混合土样。混合土样相当于多点土样分析结果的一个平均数，由此减少土壤差异，提高样品的代表性。从理论上而言，采样点越多则构成混合样品的代表性愈高。但实际工作中，因人力、物力及财力等因素的限制，不容易达到理论上的要求，一般视土壤差异和面积大小而定，由人为确定采样个数的多少，但不宜少于5个采样点。

1. 采集混合样品的要求

（1）每一点采取的土壤深度要一致，上下土体要一致。

（2）随机布点，提高土样代表性，为了避免系统误差一般都按 S 形的路线取样（见图 1-1）。

（3）土样质量控制在 1 kg 左右，如果质量超出，可以把各点采集的土壤用手捏碎混匀，用四分法舍弃多余土样。

（4）注明样品标签，标签上须标明样品编号、采样地点、采样深度、采样日期、采样人、前茬作物等。

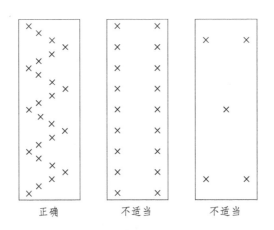

图 1-1　土壤采样点的布置（×代表样点位置）

2. 采样点的设置

采集土样时首先根据土壤类型以及土壤的差异情况，把土壤划分成若干个采样单元，科学设置采样点。为了正确反映土壤养分动态和植物生长之间的关系，可根据采样单元的面积、地形等确定采样点的多少，通常在地形平坦的地方测定土壤肥力时，每 20 hm^2 采集 11 个土样（每个土样由 5 个采样点混合起来），大约每 2 hm^2 采集一个由 5 个样点混合起来的土壤样品。在采集土壤样品时一般不需挖剖面，只需采集主要根系分布层的土壤（一般在 10 ~ 50 cm 深度土层中采集），对于根系分布较深的土壤（如种植园、树木园土壤），可适当增加采样深度。

3. 采样方法

在确定的采样点上，在湿润、不含石砾且疏松的土壤上用土钻采集混合样品，而在干燥、含石砾且坚硬的土壤上用小土铲切取一片片的上下厚度相同的土壤样品（见图 1-2），将各采样点土样集中一起混合均匀，按需要量（混合样品质量约为 1 kg）装入干净土壤袋（或塑料袋）内，并附上标签。

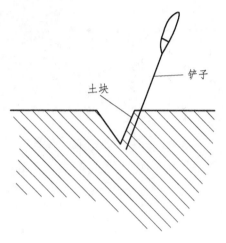

图 1-2　土壤采样图

4．注意事项

（1）由于自然因素（地形、母质等）和人为因素（耕作、施肥等）的原因，土壤养分的异质性普遍存在。从采集的 1 kg 样品中取出的几克或几百毫克样品能否代表一定面积的土壤，是能否取得合理分析结果的关键。

（2）一个混合样品是由均匀一致的许多点组成的，各点的差异不能太大，不然就要根据土壤差异情况分别采集几个混合土样，使分析结果更能说明问题。

（3）采集水稻土或湖沼土样时，四分法不易应用，可将所采集的样品放在塑料盆中，用塑料棒搅拌均匀后取出所需数量的样品装入塑料袋或玻璃瓶内。

（五）土壤剖面分析样品的采集

土壤剖面是土壤自上而下的垂直切面。它是土壤内在性状的外在表现，每一类土壤都有它独特的剖面。

1．土壤剖面的挖掘

土壤剖面挖掘的位置选定后，即可开始挖掘。通常挖成长 1.5～2 m、宽 1～1.5 m，深度达到母质、母岩或地下水面的长方形土坑（见图 1-3）。尽量保证挖好后的观察面向阳（便于观察），并且观察面上方不应踩踏和

堆土，以保持植被和枯落物的完整。挖出的表土与心土放在土坑的两侧，
与观察面相对的一面可修成阶梯状，便于观察者上下土坑。在山坡上挖
掘土壤剖面时，应使剖面与等高线平行，并且与水平面垂直。

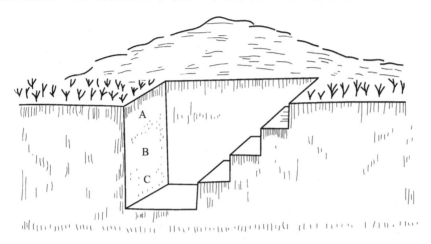

图 1-3　土壤剖面示意图

A—淋溶层；B—沉积层；C—母质层

2. 土壤剖面的观察及采样

根据土壤剖面的颜色、结构、质地、松紧度、湿度、植物根系情况
等，自上而下地划分土层，进行仔细观察，将结果分别记入表 1-1、表
1-2。土壤剖面采样时，自下而上逐层在各发生层的中部采集，将采集的
样品放入布袋和取样袋，在取样袋内外均应附上土壤标签，写明剖面号、
采集地点、剖面层、采样深度、土壤名称、采集人和采样日期。调查完
毕后，清理调查仪器和工具，填埋土坑，尽量使地面恢复原貌。

表 1-1　土壤剖面性状记载表

发生层	符号	深度/m	颜色	质地	湿度	结构	松紧度	根系情况	新生体	石灰反应	侵入体

表 1-2　土壤剖面记载表

剖面野外编号		土壤名称		调查时间	
剖面室内编号		土壤俗称		调查地点	
调查人					
土壤剖面环境条件							
地表状况	母质	植被状况	地形	地下水位深度/m	地下水质	侵蚀状况
土壤剖面位置说明及示意图						

3. 注意事项

土壤剖面按层次采样时，必须自下而上（这与剖面划分、观察和记载恰恰相反）分层采取，以免采取上层样品时对下层土壤造成混杂污染，为了能使样品明显地反映各层次的特点，通常是在各层最典型的中部采取（表土层较薄，可自地面向下全层采样），这样可克服层次间的过渡现象，从而增加样品的典型性或代表性。

（六）土壤物理性质原状土的采集

通常研究土壤水分物理性质及部分土壤物理性质时须采集原状土样，如测定土壤密度、孔隙度和持水量等物理性质和水分物理性质，可直接用环刀在各土层中部取样。在研究土壤结构时，采样须注意土壤湿度，不宜过干或过湿，以不黏铲的情况下采样最好。在采样过程中，须保持土块不受挤压，样品不变形，然后将装土样的环刀带回室内进行分析。

（七）土壤季节性变化定位研究样品的采集

为了研究土壤生态系统的结构与功能及提高土壤生产力，必须选择有代表性的土壤类型，定位观测土壤的季节性动态变化。这些观测需要与植物、水文、气象等的观测联系起来。在研究土壤水分、养分、温度在土壤剖面中的分布和变动时，不必按土壤发生层次进行采样，而是只要求从地表起，每 10 cm 或 20 cm 采集一个样品。土壤含水量样品的采集可按每 10 cm 采集一个样品，一般采集到 100 cm 左右，可用土钻（湿

润的疏松土壤）或土铲（含石砾多或干燥、坚硬的土壤）取样，重复 3 ~
10 次，然后将样品集中起来，混合均匀放入铝盒内。土壤水稳性团聚体
结构样品的采集要保留原状土壤，采集时将其放入铝盒中，使其不受挤
压、不变形。土壤温度用插入式温度计或地温计测定。土壤养分及可
溶性物质样品的采集可按每 20 cm 采集一个样品，一般采到 40 cm（主
要根系分布层）左右深度，对主要根系分布较深的土壤可适当增加采
样深度，采集土壤养分及可溶性物质样品可用土钻或土铲，重复 3 ~ 10
次，然后将样品集中起来，混合均匀放入铝盒内，带回实验室用湿土
进行测定。

（八）土壤盐分动态样品

盐碱土中盐分的变化比土壤养分含量的变化还要大。土壤盐分分析
不仅要了解土壤中盐分的多少，还要了解盐分的动态变化。盐分的差异
性是分析盐碱土的重要资料，因此，采样时就不能采用混合样品。

盐碱土中盐分的变化垂直方向更为明显，由于淋洗作用和蒸发作用，
土壤剖面中的盐分季节性变化很大，而且不同类型的盐土，其盐分在剖
面中的分布又不一样。例如滨海盐土，由于海水的淋洗，底土含盐量较
高；而内陆盐渍土，由于强蒸发作用，盐分一般都积聚在表层。根据盐
分在土壤剖面中的变化规律应分层采取土样。

分层采集土样时不必按土壤发生层次采样，而应采用分段取样，即
在该取样层内，自上到下，由地表起，每 10 cm 或 20 cm 采集一个样品，
这样有利于储盐量的计算。在研究盐分在土壤剖面中分布的特点时，则
多用"点取"，即在该取样层的中部位置取土。

（九）其他特殊情况的采样

农业生产实践中，会出现由于某些营养元素不足、土壤酸碱失衡、
肥料施用不当或土壤污染等问题造成作物不能正常出苗或生长的问题。
为查找造成作物不能生长的土壤方面的原因，就要采集典型样品。在采
集典型土壤样品时，应同时采集正常的土壤样品。这样可以相互比较，
利于诊断。在这样的情况下，不仅要采集表土样品，也要采集底土样品。

三、土壤样品的制备

从野外取回的土样,除某些土壤分析项目要求用新鲜土样进行外(如二价铁、硝态氮、铵态氮等在风干过程中会发生显著变化,必须用新鲜土样测定),都要经过一个制备过程。土壤样品的制备步骤主要包括风干、研磨过筛、混合分样。

(一)样品制备目的

(1)剔除土壤以外的侵入体(如植物残茬、石粒、砖块等)和新生体(如铁锰结核和石灰结核等),以除去非土样的组成部分。

(2)适当磨细,充分混匀,使分析时所称取的少量样品具有较高的代表性,以减少称样误差。

(3)全量分析项目,样品需要磨细,以使分解样品的反应能够完全和匀致。

(4)可使样品长期保存,不致因微生物活动而霉坏。

(二)实习仪器与用具

土壤筛、硬纸板、木棒、研钵、广口瓶、铅笔、标签。

(三)制备步骤

1. 风干

从样地采回的土壤样品,应及时进行风干,以免发霉而引起性质的改变。其方法是将土样放在木盘中或塑料布上,摊成薄薄的一层,置于室内通风阴干。在土样半干时,将大土块捏碎(尤其是黏性土壤),以免完全干后结成硬块,难以磨细。晾土的场所力求干燥通风,并要防止酸蒸汽、氨气和灰尘的污染。样品风干后,应拣去动植物残体如根、茎、叶、虫体等和石块、结核(石灰、铁、锰)。如果石子过多,应将拣出的石子称重,记下所占的百分数。

2. 研磨过筛

风干后的土样倒在硬纸板上,用木棒研细,使其全部通过 2 mm(10

目）筛，充分混匀后用四分法分成两部分，如图 1-4 所示。一部分作为物理分析用，另一部分作为化学分析用。

第一步　　　　　　　　第二步　　　　　　　　第三步

图 1-4　四分法取样步骤图

过 2 mm 筛的土样可供土壤表面物质测定项目，如速效性养分、交换性能、pH 等的测定；分析有机质、全氮、全磷、全钾等土壤全量测定项目时，将已通过 2 mm 筛的土样放入瓷研钵中进一步研磨，使其全部通过 0.149 mm（100 目）筛；分析微量元素，须改用尼龙丝网筛以避免用金属网筛造成污染。

目前很多分析项目趋向于半微量的分析方法，称样量减少，要求样品的细度增加，以降低称样的误差。因此现在有人使样品通过 0.5 mm 孔径的筛子。但必须指出，土壤 pH、交换性能、速效养分等测定样品不能研得太细，因为研得过细容易破坏土壤矿物晶粒，使分析结果偏高。同时要注意，土壤研细主要使团粒或结粒破碎，这些结粒是由土壤黏土矿物或腐殖质胶结起来的，而不能破坏单个的矿物晶粒，因此研碎土样时，只能用木棍滚压，不能用榔头锤打。因为矿物晶粒破坏后，暴露出新的表面，增加有效养分的溶解。

全量分析的样品包括 Si、Fe、Al、有机质、全氮等，其测定不受磨碎的影响，而且为了使样品容易分解，需要将样品磨得更细，方法是：将样品铺开，划成许多小方格，用小匙多点取出土壤样品约 20 g，磨细，使之全部通过 100 目筛子。测定 Si、Al、Fe 的土壤样品需要用玛瑙研钵研细，瓷研钵会影响 Si 测定结果。

土壤筛分所用的筛子有两种：一种以筛孔直径的大小表示，如孔径为 2 mm、1 mm、0.5 mm 等；另一种以每英寸长度上的孔数表示，如每英寸长度上有 40 孔，为 40 目筛子（或称 40 号筛子），每英寸有 100 孔为 100 目筛子。孔数越多，孔径越小。筛目与孔径之间的关系可用式（1.1）表示：

$$筛孔直径（mm）= \frac{16}{每英寸^{①}孔数}$$

（1.1）

四、土壤样品的保存

制备好的土样经充分混匀，装入玻璃塞广口瓶（或塑料袋）中，内外各具标签一张，写明编号、采样地点、土壤名称、深度、筛孔（粒径）、采样日期和采样者等项目。所有样品都须按编号用专册登记。制备好的土样要妥善贮存，避免日光、高温、潮湿和有害气体的污染。一般土样保存半年至一年，直至全部分析工作结束，分析数据核实无误后，才能丢弃。重要研究项目或长期性研究项目的土样，可长期保存，以便必要时用于查核或补充其他分析项目。

表 1-3 标准筛孔对照表

筛号/目	筛孔直径/mm	筛号/目	筛孔直径/mm
2.5	8.00	35	0.50
3	6.72	40	0.42
3.5	5.66	45	0.35
4	4.76	50	0.30
5	4.00	60	0.25
6	3.36	70	0.21
7	2.83	80	0.177
8	2.38	100	0.149
10	2.00	120	0.125
12	1.68	140	0.105
14	1.41	170	0.088
16	1.18	200	0.074
18	1.00	230	0.062
20	0.84	270	0.053
25	0.71	325	0.044
30	0.59		

注：① 1 英寸=2.54 cm。

实习二
土壤环境调查

一、实习目的

　　土壤是一个复杂的体系，它具有一定肥力，能够给植物提供生长所需的营养物质，是生态系统中物质与能量交换的场所，也是生态系统的重要组成成分之一。同时，土壤本身也是一个独立的系统，内部有许多生物生存，并与周围进行物质和能量交换。土壤肥力是土壤在植物生活的全部过程中，同时而不断地供给植物以最大量的有效养料和水分的能力。影响土壤不均一性的因素有很多，自然因素包括地形（高度、坡度）、母质等，人为因素有耕作、灌水和施肥等。人为因素对土壤的扰动最大。

　　通过该实习让学生熟练掌握野外进行土壤剖面调查的基本方法，加深对土壤环境基本理化特性的认识。同时，比较农业耕作土壤与自然土壤在主要理化性状上的差异。

二、实习仪器与用具

　　海拔仪、土壤硬度计、测高器、指北针、土壤 pH 混合指示剂及比色卡、瓷盘、剖面刀、钢卷尺、铁锹、记录板、盐酸（1：3）、蒸馏水等。

三、土壤环境调查路线的选择

　　路线调查属于概查。由于土壤与成土因素之间的关系是统一的，因而选线通过各种成土因素的典型地段，就可以见到各种典型土壤类型。

（一）山区土壤路线调查选线

首先要遵循垂直于等高线的原则，使选定路线从山下到山上，能经过不同海拔高度的各种植被、母质类型，以及通过不同的土壤垂直带；还应考虑山体的大小，注意丘陵、浅山、中山和深山之别，以及不同坡向、不同坡度及局部地形对土壤形成发育造成的差别。此外，山区选线最好从河谷起，这样还可看到河流水文、母质与地形等土壤形成的分布的影响。

（二）平原区选线

平原区较山区土壤的变化要简单些，但平原区各种地貌类型、中、小地形的起伏变化、沉积母质类型的变异程度等对土壤发生与分布的影响都很重要。因此，平原区选线同样要遵循垂直于等高线的原则。选线要通过主要的地貌单元、地形部位、母质类型，以便能观察到更多的土壤类型，并掌握土壤的分布规律。如从滨海（滨湖）平原→冲积平原→山麓平原，从河漫滩→高阶地，从洼地→坡地→岗地，能够观察到各种类型的土壤。

平原区选线还应注意其典型性，即选定的路线要通过实习地区最具有代表性的地貌类型、地形部位、母质类型的地段。如河流冲积平原要尽量选在各阶地比较齐全而完整的地段，不应选择某几级阶地缺失，或被侵蚀切割成支离破碎的残存阶地地段。

农耕区选线要选定能代表当地主要耕地，不同农业利用类型的土壤调查路线。如通过路线应照顾到水稻田、旱田、特殊经济作物区、各种草场类型等。

（三）路线调查选线的间距

假使通过路线调查要完成一定面积范围的土壤图，则选线的间距要根据不同比例尺的精度要求、成土条件和土壤类型的变化复杂性而定。如地势平坦开阔，土壤类型较单一，分布范围较广，则调查路线的间距可大些；相反，如果成土条件、土壤类型复杂多样，面积较小，图斑比较零碎，则调查路线的间距应适当小些。总之，要使调查路线能控制土壤类型分布规律，有利于调查后绘制完成土壤图为原则。

四、调查内容

土壤剖面现场调查，采用自然土壤与农业耕作土壤对照方法进行土壤环境和土壤剖面现场调查，其调查内容及方法如下所示。

（一）母质类型

若系岩石区，应注意基岩种类及风化程度（不包括经人工或自然移动过的岩石），土壤母质中夹杂的砾石种类也应注明，如石灰岩坡积物、花岗岩残积物等。土壤母质可分为残积和沉积两种类型，见表 2-1。

表 2-1　土壤母质分类简表

土壤母质类型	作用力	土壤母质种类
残　积	风　化	残积物（各种岩石风化后就地形成）
沉　积	水　力	冲积物、洪积物、湖积物、海积物
	风　力	黄土、沙丘
	冰川力	冰积物
	重　力	坡积物

（二）海拔高度

将海拔仪调整到已知高程点的高度值后带到测点，读出测点处指示的高度。也可根据附近已知海拔高程估算。

（三）坡向

根据手持罗盘或指北针确定坡向。

（四）坡度

用坡度仪或测高器测定坡度。

（五）坡位

坡位按山脊、上坡、中坡、下坡、山麓划分。

（六）地类

地类是指土地现在的利用情况，如林地、迹地、农田、人行道、停车带、街头绿地等。

（七）地形

地形可分为大地形和小地形。小地形指每一种地形面积均较小，相对高差在 10 m 以下，可分为平坦（高差 1 m 以下）、较平坦（高差 1 ~ 2 m）、起伏（高差 2 m 以上）等。地形分类参照表 2-2。

表 2-2　地形分类表

类别	海拔	相对高度	蚀积特征	地形特征
平原	<200 m	50 m 以下	沉积为主	平坦，偶有浅丘孤山
盆地		盆心、盆高差 500 m 以上	内流盆地以沉积为主，外流盆地不定，海拔较高的以侵蚀为主	内流盆地地势平坦，外流盆地分割为丘陵
高原	>1 000 m	比附近低点高出 500 m 以上	剥蚀为主	古侵蚀面或沉积面保留部分平坦，其余部分崎岖
丘陵	<500 m	50 ~ 500 m	流水侵蚀为主	宽谷低岭，或聚或散
中山	500 ~ 3 000 m	500 m 以上	流水侵蚀、化学风化为主	有山脉形态，但分割较碎
高山	3 000 m 以上		冻裂作用极强，山峰有冰川	尖峰峭壁，山形高俊

（八）排水及灌溉情况

根据地表径流、土壤透水性及土内排水等归纳土壤排水情况。排水情况可分为 3 种类型。

（1）排水不良。在土壤中地下水面接近地表，土质黏重，呈蓝灰色或具有大量锈纹、锈斑。

（2）排水良好。水分在土壤中容易渗透，多为质地较轻的土壤。

（3）排水过速。在较陡斜的山坡或丘陵，水分沿地表流失，很少进入土壤中，土壤经常干燥，或在某些砂土及砾质土壤上，土壤中大孔隙较多，水分一经渗入即行排出，植物因缺水生长不良。

灌溉情况系指有无灌溉条件、灌溉方式（沟灌、畦灌、漫灌、喷灌或滴灌）以及灌水种类（井水、河水、湖水、污水、自来水）等。

（九）地下水位

可根据剖面挖掘时地下水出露的深度来记载地下水位，或从附近水井中观测。

（十）地面侵蚀情况

自然侵蚀现象主要有水蚀、风蚀及重力侵蚀3种类型。记载以水蚀情况为主，如遇有风蚀及重力侵蚀的情况时，再另行详细记载。

水蚀可分为土壤流失（片蚀）和冲刷（沟蚀）两类，其侵蚀情况可依据表2-3记载。

表 2-3　土壤水蚀等级标准

类　型	等　级	说　　　明
片 蚀	无侵蚀	枯落物层保留完整
	轻 度	枯落物层部分流失
	中 度	A_1 层部分流失
	强 度	B 层部分流失
	剧 烈	母质或母岩层露出
沟 蚀	轻 度	侵蚀沟占地面面积小于10%
	中 度	侵蚀沟占地面面积为 10%～20%
	强 度	侵蚀沟占地面面积为 20%～50%
	剧 烈	侵蚀沟占地面面积大于50%

（十一）剖面位置

绘制断面草图示意剖面位置。图中应注意附近地物（房屋、河流、其他固定标记）、方位角、剖面位置、距离等。

（十二）土壤剖面形态的记载

1. 颜色

土壤颜色是最易辨别的土壤特征，也是区分土壤最明显的标志。颜色可以反映某些土壤的肥力状况。

土壤的主要颜色为黑、红、黄、白等色。黑色一般来自土壤有机质，土壤越黑肥力一般越高。红色是由于土壤中氧化铁引起的，干燥失水情况下的氧化铁呈鲜红色。氧化铁因失水程度不同，表现出多种颜色，有黄棕、棕黑、棕红等色。氧化铁在还原状态下则呈深蓝、蓝、绿、灰、白等色。黄色为水化氧化铁所生成，因此，除母岩、母质为黄色外，一般呈黄色的土壤多分布在排水较差或气候比较湿润的区域。而红色土壤常分布在排水良好及相对湿度比较低的区域。某些矿物（如石英、长石）或盐类（易溶盐、碳酸盐等）较多，则增加土壤的白色。

在辨别土壤颜色时，常因光线强弱和土壤湿润程度的差异，产生土壤颜色判断的错误。所以观察土壤颜色时要求用湿润的土壤，在光线一致的情况下进行。颜色命名以次要颜色在前，主要颜色在后，如"红棕色"是以棕色为主、红色为次。

2. 土壤发生层及其代表符号

土壤剖面不是均一的，而是由一些形态特征、物质组成和性质各不相同的层次重叠在一起所构成。这些层次一般大致呈水平状态，称为土壤发生层。它的形成是土壤形成过程中物质迁移、转化和积聚的结果。

自然土壤剖面一般分为四个基本层次，见表 2-4。农业土壤剖面是在不同的自然土壤剖面上发育而来的，旱地和水田由于长期在利用方式、耕作、灌排措施及水分状况上不同，土壤层次构造也明显不同，见表 2-5。

表 2-4　自然土壤剖面发生层

发生层	符号	亚层符号	国际符号	层次特点
覆盖层	A_0	A_{00}	O	疏松的枯枝落叶层，未经分解
		A_0		暗色半分解有机质层
淋溶层	A	A_1	A_h	暗色腐殖质层
		A_2	E	颜色浅，常为灰白色，质地较轻，养分贫乏
		A_3		向 B 层过渡层，多似 A 层
淀积层	B	B_1	B	向 A 层过渡层，多似 B 层
		B_2		棕色至红棕色，质地黏，具有柱状或块状结构
		B_3		向 C 层过渡层，多似 B 层
母质层	C	C_c	C	碳酸钙（$CaCO_3$）聚积层
		C_s		硫酸钙（$CaSO_4$）聚积层
		G		潜育层
基岩	D	D	R	半风化或未风化的基岩

表 2-5　农业土壤剖面发生层

旱 地			水 田		
发生层	符号	层次特征	发生层	符号	层次特征
耕作层	A	颜色深，疏松多孔	耕作层	A	较紧实
犁底层	P	紧实，呈片状	犁底层	P	紧实，呈片状
心土层	B	颜色浅，较紧实	斑纹层	W	有锈纹锈斑、铁锰结核等
底土层	C	母质层	青泥层	G	呈蓝灰色或青灰色

3. 结构

土壤剖面结构是由土粒排列、胶结形成的各种大小和形状不同的团聚体。观察土壤结构时可在自然湿度下，将一捧土在手掌中轻轻揉散，然后观察其大小、形状、硬度以及表面情况等。常见土壤结构类型有以下几类，见表 2-6。

表 2-6 土壤结构类型

结构类型	结构体	结构名称	当量直径/mm	结构形状
似立方体	块状	大块状	>30	棱角明显，但边面不明显，呈不规则无定形，内部较紧实
		块状	5~30	
		碎块状	0.5~5	
	核状	核状	<30	多棱角，边面明显，呈棱形，内部紧实
条柱状	柱状	大柱状	>50	棱角边面不明显，顶圆而底平，于土体中直立，干时坚硬，易龟裂
		柱状	<30	
	棱柱状	大棱柱状	>50	棱角边面明显，有定形，外部有铁质角膜包被，内部紧实
		棱柱状	<30	
扁平形	片状	片状	1~5	水平裂开，成层排列，内部紧实
	鳞片状	鳞片状	<1	较薄，略呈弯曲状，内部紧实
粒状	团粒	粒状	>10	无棱角，边面不明显，结构内部疏松多孔，多为腐殖质作用下形成的小土团
		团粒	0.25~10	
		微团粒	<0.25	

4. 石灰反应

在现场用 1:3 盐酸滴加在土壤上，根据产生泡沫的有无和强弱，来确定土壤化学性质和估测碳酸钙的含量。一般有以下 4 类。

（1）无石灰性反应：不起泡沫，以" - "表示。

（2）微石灰性反应：有微量泡沫，但消失很快，以" + "表示。

（3）中石灰性反应：有较强烈的泡沫，但不能持久，以" ++ "表示。

（4）强石灰性反应：泡沫强烈而持久，碳酸盐含量大于 5%，以" +++ "表示。

5. 侵入体

侵入体即土壤中的掺杂物。它与土壤形成过程的物质移动和积累无关，如砖块、瓦片、木炭、填土、煤渣、焦渣、石灰渣、砾石、垃圾等物质。在农业耕作土壤中很常见。

6. pH 值

现场用混合指示剂在瓷盘或蜡纸上进行土壤 pH 速测。如有必要可采集土样带回室内用酸度计测定。

7. 土壤质地

土壤质地是指土壤中各粒级土粒的配合比例，常用各粒级土粒占土壤总质量的百分比表示，又称为土壤机械组成。土壤质地可以通过室内测试分析确定，如采用"比重计法"和"吸管法"。而在一般生产中常利用眼看手摸的方法快速判断土壤质地，这是一种经验性检测法，可以满足一般土壤调查需要。野外调查时可用手测法来鉴别，如表 2-7 所示。

表 2-7　土壤质地测定方法（手测法）

序号	质地名称 国际制	质地名称 苏联制	土壤状态	干捻感觉	能否湿搓成球	湿搓成条状况
1	砂土	砂土	松散的单粒状	研之有沙沙声	不能成球	不能成条
2	砂质壤土	砂壤土	不稳固的土块轻压即碎	有砂的感觉	可成球，轻压即碎，无可塑性	勉强成断续短条，易断
3	壤土	轻壤土	土块轻搓即碎	有砂质感觉，绝无沙沙声	可成球，压扁时，边缘有多而大的裂缝	可成条，提起即断
4	粉砂壤土		有较多的云母片	面粉的感觉	可成球，压扁边缘有大裂缝	可成条，弯成 2 cm 直径圆即断
5	黏壤土	中壤土	干时结块，湿时略黏	较难捻碎	湿球压扁边缘有小裂缝	细土条弯成的圆环外缘有细裂缝
6		重壤土	干时结大块，湿时黏韧	硬，很难捻碎	湿球压扁边缘有细散裂缝	细土条弯成的圆环外缘无裂缝，压扁后有
7	黏土	黏土	干时放在水中吸水慢，湿时有滑腻感	坚硬捻不碎	湿球压扁的边缘无裂缝	压扁的细土环边缘无裂缝

8. 紧实度

紧实度反映土壤的紧密程度和孔隙状况。土壤在干燥状态下的紧实度可以依据表 2-8 现场确定标准，也可用土壤硬度计测定。

表 2-8　土壤紧实度确定标准

等级	方法		用手瓣土块
	用小刀插入或划痕		
极紧实	用很大力也不易把小刀插入剖面中，划痕明显但很细		用手瓣不开
紧实	用较大的力才能将刀插入土中 1～3 cm，划痕粗糙且边缘不齐		用力可瓣开
适中	稍用力就将刀插入土中 1～3 cm，划痕宽而匀		容易瓣开
疏松	用较小力就可将刀插入土中 5 cm 以上，但土壤尚不易散落		很易散碎
松散	很容易将刀插入，并且土壤随刀经过之处，随即散落		松散，没有黏结性

9. 湿度

土壤剖面各层湿度的鉴别，可以了解该土壤毛管水活动的情况，以及土壤的保水、渗水性能。现场鉴定方法可参照湿度的测定方法标准，如表 2-9 所示。

表 2-9　土壤湿度测定方法

土壤质地	湿度				
	干	稍润	润	潮	湿
砂性土（砂土、砂壤土、轻壤土）	无湿的感觉，土壤松散，吹之尘土飞扬，含水约3%	稍有凉的感觉，土块一触即散，含水约10%	有凉的感觉，可捏成团，放手中不散，含水约15%	手握后有湿痕，可握成团，但不能任意变形，含水约20%	稍微挤压，水分即从土中流出，含水约25%
壤性土（中壤土、重壤土）	无湿的感觉，多成块成团，可以捏碎，含水4%～7%	稍有凉的感觉，土块捏时易碎，含水约10%	有凉的感觉，用手滚压可成形，但落地就碎，含水15%	能成团成条，落地不碎，含水20%～25%	黏手，可成形，但易变形，含水25%～30%
黏性土（黏土）	无湿的感觉，土块较大，坚硬难碎，含水5%～10%	稍有凉的感觉，土块用力捏时易碎，含水10%～15%	有凉的感觉，用手滚压可成各种形状，但开裂，含水25%～30%	能搓成粗条，但有裂痕，搓成细条即断裂，含水25%～30%	黏而韧，能成团成条成片，不开裂，含水35%～40%

10. 新生体

在土壤形成过程中，由于水分上下运动和其他自然作用，使某些矿物质盐类或细小颗粒在土壤内某些部位聚集，形成土壤新生体。新生体是判断土壤性质、物质组成和土壤生成条件极为重要的依据，参照表 2-10 确定新生体种类。

表 2-10　土壤中新生体种类

新生体种类	主要化学成分
盐结皮、盐霜	易溶性盐类
锈斑、锈纹铁盘、铁锰结核	氧化铁、氧化锰
假菌丝、石灰结核、眼状石灰斑	碳酸钙

11. 根系含量

剖面各层土壤的植物根量可根据其密集程度分为盘结（占土体的 50% 以上）、多量（占土体的 25%~50%）、中量（占土体的 10%~25%）、少量（占土体 10% 以下）、无根系等五级。若能鉴别出根系属于哪种植物，也应加以注明。

12. 土壤综合特征

整个土壤剖面形态特征的综合，可作为土壤利用的直接参考资料，各项均可以利用土层的特征为标准进行记载。

13. 土壤名称

通过调查访问，可以记载当地群众生产中的惯用名称。若无从了解时也可沿用学名，参照中国土壤系统分类表中的"土类"记载。

（十三）田间验墒

土壤墒情指的是土壤湿度的状况。田间验墒主要是眼看手摸，根据土壤在不同含水状况下的颜色、握在手中的感觉及可塑程度加以判断。本方法属于经验性的，简便易行，但必须结合实际多练习。一般将土壤墒情分为干土、潮干土、黄墒、黑墒及汪水，其判断方法如下。

1. 干土

土壤呈气干状态或结成土块或碎成土面，不宜耕作和播种，干土层超过 4 指厚时，播种不能萌发；2~4 指厚不能全苗；2 指厚以内则不影响播种。在作物生育期间，植物表现萎蔫，必须通过灌溉等措施加以调节。

2. 潮干土

土色灰，手握土不成团，易散碎，微有凉爽的感觉，这时耕作质量不好，播种只能胀破种皮，不能萌发，成苗率很低。在作物生育期间，作物生长迟缓，应通过镇压勾墒或灌溉等措施来调节。

3. 黄墒

土色以黄色为主，手握土勉强成团，落地多半可以散碎，手有凉感，稍有湿印，这时为耕作最适合的墒情，播种也易全苗，但对生长旺期的作物，水分仍嫌不足。

4. 黑墒

土色显深，手握土成团，落地不散，手上有湿印，表示墒情稍高，耕作质量不好，易形成死坷垃，播种可以全苗。有时因墒多、气少、土温低，因此，出苗慢，但在作物旺盛生长阶段能够充分满足作物对墒情的要求。

5. 汪水

黑墒以上就是汪水，水分偏多，为不良的墒情。

不同质地的土壤在同一墒情下，含水量不同，例如：黄墒时土壤的含水量，砂土为 5%~8%，轻壤土为 9%~15%，重壤土为 14%~19%，含水量随着质地由砂变黏而增高。另外，同一含水量，不同质地土壤其水分有效程度也不同。例如：同样含水量为 10% 左右，对砂土来说，大都是有效水；对轻壤土来说，几乎一半以上为无效水；而对重壤土则几乎全是无效水，作物不能吸收利用。这就是说，随着质地由砂变黏，土壤对水分的吸力增强，被作物吸收利用的水分也相对降低。

实习三
土壤标本的采集

　　土壤标本是用于在室内对土壤进行相关研究、作为教学示范或土壤样本展示的土壤样品，主要分为散装土壤标本、分类纸盒标本、整段标本 3 类。散装土壤标本是科研人员在不同的成土条件下选择具较强代表性的土壤样品，采集一定量后在一定面积区域展出的土壤标本；分类纸盒标本是选择具较强代表性的土壤剖面，根据划分出来的土壤剖面发生层次，在每一发生层的中心部位采集土样，装入分类标本纸盒，并作相应的详细记录，带回标本室，风干、分类保存；整段标本选择具较强代表性的土壤剖面，根据规定的取土器尺寸采集一定大小、形状的连续的土壤样品，进行加工制作而成的土壤制品。此外，根据土壤的诊断层次还可采集特殊层次的标本，如土壤结核及新生体的标本等。在此主要讲分类纸盒标本和整段标本的采集。

一、散装土壤标本的采集

　　散装土壤标本的采集方法见实习一。

二、分类纸盒标本的采集

　　纸盒标本主要用于拼图比土的标本，其典型者也可留作陈列标本。在路线调查中，纸盒标本只采集主要剖面和对照剖面。具体采集方法是按所划分的层次，分层采集。次序是从下层向上层选择各层的典型层段采集。采集时沿水平方向用削土刀削取，尽量保持土壤结构体的原状，不要弄碎破坏。对某些特别疏松而散碎的层次，无法削取则可将其散碎土体按原样采集、装入盒中的相应层次。所削取土体以与标本盒的格子大小相等，刚能装入格内为宜，注意应将观察面剥离成土体的自然裂面，不要削成光滑面，或拍打压实。所有土层采集装盒完毕后，应按拟定内容逐项记载、填写卡片或标签。

三、土壤剖面整段标本的采集

整段标本又分为木盒整段标本与薄层整段标本。

（一）木盒整段标本的采集

采集整段标本的木盒，其规格大小不一，目前采用较多的规格是100 cm×20 cm×5 cm。

整段标本采集制作方法：先在已挖好的土壤剖面上，挖一个与整段标本木框的内径大小一样的立方土柱，土柱的左、右、前三面突露，后面暂不挖断，使与土体保持联结，雏形挖成后，应该用木框比划大小，然后用削土刀仔细削成与土框内径大小一致的土柱，切削中应注意防止土柱塌落。

土柱削好后，将标本木盒的上盖与下底取掉，把木框套入土柱，削去前面突出于木框外的土体，削平整后将盖子用螺丝钉固定于木框上，再从土柱两侧向里切削，取下剖面标本。取时用手扶住盒盖，向下仰放。然后，用刀削去高出木框的土体部分，并用剥刀将剖面挑成自然裂面，除去表面浮土，加盖并用螺丝钉固定，整段标本即采好。

（二）土壤层整段标本的采集

在已挖好的土壤剖面上，像采集木盒整段标本那样先挖一个长方体土柱，其大小规格是100 cm×17 cm×8 cm，然后将采土器套在土柱上，顶部空出 3~5 cm，采土器上端用螺丝杆拧紧固定。

先用削土刀在采土器下端（50 cm 处，采土器长 55 cm）切一条缝，然后用刀或铁丝将土柱后边与剖面切开，再将采土器连同土柱平托到地面上，采土器在下，土体朝上。

用刀慢慢削去超出采土器的多余土体，如遇树根、草根，可用植物剪或小手锯锯断，以防土层松动，直至使土体削平为止。

将已准备好的三合板或纤维板，涂上原汁乳胶（不加水），紧贴于削平的土面上。然后将采土器连同土壤和三合板翻身，使三合板平放于地面，土体和采土器黏在三合板上，松开螺帽，取下螺丝杆，将采土器折起，轻轻从土体上取下来。

将采土器反折起，放上三根螺丝杆，再将三合板连土一起轻轻平放在采土器的三根螺丝杆上，土面朝上，拧紧螺帽加以固定。这时螺杆与采土器边缘之间的高差（高度）约为 1 cm。

用削土刀将多出的土体削平，再用小刀挑成自然裂面，用毛刷轻轻将浮土横向扫掉，再从采土器上取下来，用毛刷醮上稀释后的白乳胶，慢慢滴洒于土面，使其自然下渗。待胶水晾干后，薄层整段标本即采制成功。

在夏季高温晴天，3~4 小时即可晒干，若野外来不及干透，则可带回室内让其自然晾干，急需干透时，可用电吹风和红色外灯等通风加温，促使其快速干燥。

按上述方法再采集薄层整段标本的下半段（即 50~100 cm 之间的一段），使用时将上、下两段标本拼接在一起。拼接方法：可在标本背面的三合板两边，加 100 cm 长的薄木窄条，用白乳胶黏结。最后再镶嵌边框（用木条或塑料），用塑料制字标出土壤名称，标本的一侧附挂土壤标本所在地自然景观彩色照片以及分布和主要成土因素等；另一侧列出该土壤标本的有关性状，如发生层次、pH、有机质、质地、结构等。

乳胶可单用聚酯醋酸乙烯，也可与聚乙烯醇溶胶一起使用。掺水多少（浓度）视土壤渗透性大小而异，渗透性大的土壤，乳胶掺水应少些，反之应多些，一般胶与水之比控制在 1 : (1.5~3.5) 之间。若采集时土壤过湿（如水稻土、沼泽土），应待其晾干后再掺加水乳胶。

实习四
土水势的测定

　　土壤水总是由土水势高处流向土水势低处。同一土壤，含水量越大，土壤水能量也越高，土水势也越高，土壤水就会由湿度大的土壤流向湿度小的土壤，但是不同质地的土壤不能由土壤含水量的多少来判断土壤水流向，而是要根据土水势的高低来确定。非饱和土壤剖面上各点的水势能是不同的，土壤中各点的水势能差决定了土壤中水分的运动状况。土水势的测定，是研究土壤水的运动和它对植物的可给性，确定土壤水的能量状态必不可少的条件。土壤水总势常被认为是基质势、渗透势、压力势及重力势的和，与土壤水运动最密切相关的是基质势和重力势。由于重力势只与被测点的相对位置有关，一般不用测定。土壤基质势（或土壤水吸力）与含水量之间并非简单函数关系，因干、湿过程的不同，土水势与含水量的关系有较大差异，即所谓"滞后现象"，所以用张力计来标定土壤含水量是不适宜的，其误差可达 ±2% ~ ±4%（水的质量对烘干土质量的百分数），精度比一般含水量测定法低，故用它来估算土壤含水量，结果是粗略的。测定基质势最常用的方法是张力计法，可以在田间、盆栽和室内进行现场测定。

一、基本原理

　　张力计（见图 4-1），又称为负压计、湿度计或土壤水分传感器，由陶土管、负压表（真空表）和集气管组成。陶土管是仪器的感应部件，它是一个多孔体，被水浸润之后，其孔隙间的水膜具有一定的张力，能透过水和溶质，但能阻止空气和土粒通过。水膜在 1.0×10^5 Pa 以上的压力下才能破裂透过空气。负压表和集气管分别是张力计的指示部件和空气收集部件。仪器使用时内部应充满无气水，不允许有空气。在仪器的使用过程中，溶解在土壤水中的空气往往会进入仪器内。在一定的负压下，这部分溶解的空气气化逸出而聚集到集气管中。

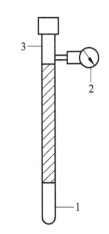

图 4-1　土壤张力计
1—陶土管；2—负压表；
3—集气管

　　一个完全充满水且封闭的土壤张力计插入水分不饱和的土壤后，由于土壤具有吸力，通过土壤水与仪器内水分的流动，使土壤与仪器的水势趋于平衡。陶土管被水浸润后，其孔隙间的水膜具有一定的张力，能透过水和溶质，但能阻止空气和土粒的通过。故此时仪器内部便产生一定的真空，使负压表指示负压力。当仪器与土水势达到平衡时，此负压力即土水势。

二、实习仪器及试剂

　　张力计（长度规格为 380 mm、580 mm、780 mm 等）、注射器、土钻、洗瓶、米尺、胶塞、无气水。

三、操作步骤

（一）除气

　　张力计在安装使用前，必须预先排气。将仪器集气管上盖及胶塞打开，使仪器倾斜，缓缓注入赶尽二氧化碳气体的冷却水，加满为止。然后将仪器直立 5 min 至陶土管有水珠滴出为止。再次将无二氧化碳水注满仪器，加胶塞，将注射管的针头从胶塞上插入抽气，这时可见气泡溢出聚集到集气管中，负压表上指针出现读数，可达 6.0×10^4 Pa（450 mmHg）或更高。所有气泡集中后，将陶土管浸入无气水中，此时指针即回到"0"值。打开集气管的盖子和塞子，重新注满无气水，按上述步骤反复进行数次，最后负压表上的负压可达 8.0×10^4 Pa （600 mmHg）以上。如果最后没有发现有小气泡聚集到集气管中，说明仪器系统内空气已经除尽，可供使用。

（二）安装

1. 田间的安装

在需要测量的田块上选择有代表性的地方，用与陶土管直径相同的取土钻钻孔达到待测的深度，然后将张力计插入孔中，为使陶土管感应部分与土壤接触紧密，灌少量水于孔中，再用细土填入仪器和土之间的空隙中，并将张力计上下移动几次，使陶土管与周围的土壤紧密结合，然后填上剩余的土壤并轻轻捣实，使仪器固定，并稍高起（防止雨水顺着张力计的管子渗进去）。张力计安装好以后，可在其他仪表部件套上塑料袋，并在观测点周围作适当保护，但要注意不要过多地扰动和踏实附近的土壤，致使测量的地方失去原来状态。

2. 实验室的安装

分别称取砂质、壤质、黏质的风干土各 500 g 放于三只 500 mL 的烧杯中，加入等量的水调匀，使之含水量相等（达 15% 左右），将张力计分别埋入其中，并使陶土管与周围的土壤紧密接触，待平衡 2 h 后观察读数。

（三）观测

仪器安装完毕后，一般需 2～24 h 以后才能与土壤吸力达到平衡。平衡以后，即可读数。一般应在早晨记录读数，以避免土壤的温度和仪器的温度有过大的差别。当温度降至冰点时，应将仪器撤离。张力计的测定范围在 0～8.0×10^4 Pa 之间，一般植物生长适宜的土壤吸力，多在它的测量范围以内。

（四）零位校正

土壤水与仪器内部水的参考压力都是大气压力。在仪器内部，负压

表到测点（陶土管中部）存在一个静水压力，负压表的读数实际包括了这一静水压力在内，如需精确观测，在计算时应予以消除。弹簧管真空负压表型张力计，校正方法是量出负压表至陶土管中部的距离（h），按 1 cm 距离为 0.1 kPa（即 1 mbar）计算校正值，测量值减去校正值可测得实测值。也可将除过气的张力计垂直浸入水中，水面保持在陶土管的中部，此时真空表的读数即零位校正值。

四、结果换算

张力计测定结果所用单位为 Pa。但张力计的真空压力表上的读数是以 mmHg 为单位表示的，可换算如下：

1 mmHg = 1.333 223 87 mbar = 133.322 Pa(1 mbar = 0.750 069 mmHg = 10^2 Pa = 0.1 kPa)。

如用 mmH_2O 或 pF 表示，换算如下：

1 atm = 1.013 249 99 bar = 1 013.249 99 mbar = 759.999 99 mmHg = 1 033.231 28 cmH_2O（4 ℃时）= 101 324.999 7 Pa

1 mmH_2O = 9.806 65 Pa

1 bar = 1 000 m bar = 1 020 cm H_2O = $10^6 dyn \cdot cm^{-2}$ = 100 J $\cdot$ kg^{-1} = 10^5 Pa = 0.1 MPa

pFl = 10 cmH_2O，pF3 = $10^3 cmH_2O$，…，依此类推。

【注释】

（1）用本法测定土壤基质势时，土壤的盐分存在对测定无影响；但在土壤中含有一定数量的盐分时，应分别测定其溶质势（渗透势）或溶质水吸力。

（2）必须使陶土管的压力表之间有连续的水力联系，所以应小心除去系统中所有的气泡以避免出现间隙，它可能中断水力联系，或至少使仪器变得较迟钝。

（3）因为要求的是水势平衡而不是含水量平衡，所以仪器和土壤之间必须有水力上的联系，必须注意保证土壤干燥时，陶土管不致因土壤收缩而与土壤失去联系。

（4）温度明显影响土壤基质势和仪器的性能，为了缩小温度对仪器的影响，日间测定时可在清晨 6—7 点进行，因为此时张力计温度与土壤的温度基本相同。

（5）田间温度（如 30 ℃ 左右），张力计内水分在低压下（8.0×10^4 Pa）会发生大量气化（达沸点），张力计工作状态被破坏。温度过低会将张力计陶瓷管部位冻裂，因此在土壤水结冰前，应将仪器撤回，以防冻坏。

（6）使用仪器过程中，应定期检查集气管中空气容量，如空气容量超过集气管容积 2/3，必须重新加水。可直接打开盖子和塞子，注入无气水，再加盖和塞密封。若这样加水会搅动陶土管与土壤接触，则需要拔出重新开孔埋设。

实习五
土壤温度的测定

土壤温度对土壤微生物的活性、植物生长及土壤形成都有影响。因此，土壤温度的测定对了解土壤状况以及对农业生产都有很重要的实践意义。它有助于确定作物最适宜的播种期、移栽期以及预防寒冷霜冻等气象灾害。土壤温度高低取决于土壤接收的太阳辐射的多少，同时也与土壤导热率、土壤热容量和热扩散率等土壤的热性质密切相关。土壤温度有明显的时空差异特点，不同地区、不同时间及不同质地土壤的温度都有很大差异。

一、基本原理

（一）地温计法

地温计是测定土壤温度的温度计（传统的地温计为水银温度计），通常使用的地温计有定时温度计、最高温度计和最低温度计等。定点观测上层土壤温度时，一般采用不同长度的曲管地温计来定期观测土壤上层（5~20 cm）的温度；而定点观测较深层的土壤温度用直管地温计，通常将不同长度的直管地温计分别安装在不同深度（如 20 cm、40 cm、60 cm 等层次）的土壤中。为了快速测定土壤温度，可用插入式地温计，它能较快地测出田块的土壤温度。随着温度传感技术的发展，现在电子温度计日益普及，其精度比水银温度计高，且直接用数字显示，使用更加方便。

（二）自动监测法

利用温度传感器，将土壤温度变化转化为电信号，由数据采集仪采集，并按一定采样频率自动观测土壤温度变化。这种土壤自动监测法省时省力，方便准确，能够准确地反映土壤温度变化规律，已成为土壤温度监测的主要方式。土壤温度自动监测设备的关键部件是温度传感器（又称为温度探头）。测量土壤温度的温度传感器种类很多，选择温度传感器时应考虑其灵敏性、稳定性、精确性、适应范围、易用性和成本高低等因素。目前在土壤研究中普遍使用热电偶温度传感器来监测土壤温度变化。

热电偶原理（Seebeck 效应）是将两种不同金属的两端相互连接，当两个节点存在温度差时，二者之间产生电动势，电路中出现电流。接点间温差越大，产生的电动势越高。对两种特定的金属而言，温差与电动势之间存在固定的函数关系。因此，只要确定了电路中电动势的大小，就可以算出两个接点间的温差。如果指定了其中一个接点的温度（参考温度），就可以得知另一个接点的温度。

热电偶输出电压（E，mV）与温度（T，℃）的关系可用一元二次函数表示：

$$E = a + bT + cT^2 \tag{5.1}$$

式中：a，b，c——与热电偶类型有关的常数；

E——输出电压主要由 bT 项（b 为 Seebeck 常数）决定。

传感器对温度变化的反应速度用时间常数（r）来表示。时间常数定义为当环境温度变化为某一尺度时，传感器感应 63.2% 的变化尺度所需的时间。对于给定的传感器，其 r 值的大小受其材料、大小、热特性以及所处环境的影响。

利用热电偶测量土壤温度时应注意：热电偶的灵敏性和寿命受湿度、酸碱度等影响，要防止其受到酸碱腐蚀；热电偶线的直径大小对测定有影响，直径越大，响应时间常数越大，对大多数土壤研究而言，取直径为 0.51 mm 的热电偶线即可。可以用细热电偶线做成热电偶接点，然后再将其连接在同类型的较粗的热电偶线上。

二、实习仪器与设备

插入式数显温度计、温度传感器（热敏探头、导线、数采仪等）。

三、测定步骤

（一）田间土壤温度测定

（1）测定土壤耕作层的温度一般可在不同深度（5 cm、10 cm、15 cm、20 cm）上进行，如有特殊要求可按需要确定。

（2）地段的选择：如果观测地段位于比较平坦的地方，可以在该地段上选 2～3 m² 的面积来测定土壤温度。如果观测地段位于坡地上，也应选出 3 块与上述面积同等的地段，这些地段必须分布在坡地的上部、中部和下部。每天必须在同一时间进行观测。如果观测地段距离站址很远，可以每两天进行一次观测。如果定点观测，则应至少重复 3 次，求取平均值。

（3）即时测定土壤温度时，将插入式地温计垂直插到所需要的土壤深度中，5 min 后立即读数，并记录。同一地点至少应重复测定 3 次，以减少土壤变异对温度测定的影响。

（二）土壤温度自动监测

利用热敏探头和数采仪组成的自动地温监测系统可连续监测土壤温度。

1. 温度传感器的校准

多数温度传感器不需要校正，如果需要校正，可将传感器放置于 1∶1 的冰水混合物中，其读数应该为 ±0.01 ℃。在将数采仪和热敏探头安装在田间之前，应在室内将系统（软件和硬件）全部连接并测试。热敏探头的精度一般为 0.5 ℃，在分析作物生长和发育时，土壤温度精度在 ±1 ℃ 即可，而如要计算土壤热通量，则测定精度必须达到 ±0.1 ℃。

2. 监测点数与频率

土壤表层温度变异大，需要增加监测的点数，相应需要较多的热敏探头。深层土壤温度变异较小，可以减少监测点数。土壤温度的取样频率取决于观测变量的变化频率以及传感器的特性。如果不考虑传感器本身的滞后效应，则取样频率至少应为所观测变量频率的 2 倍。

3. 田间安装

（1）监测地点选择：监测地点要具有代表性，一般选择田块的中间部位，不要选择在田边、水渠边或有遮蔽、覆盖物、污染物的地方。观测地点尽可能远离公路、居民区等受人为因素干扰大的地方，同时要保障仪器的安全性。

（2）埋设热敏探头：安装热敏探头前用防水标签标记探头。挖两个长×宽×深 = 20 cm×20 cm×30 cm 的小坑（挖出的土壤分层放好），从地表开始测量安装深度，并利用事先打好孔的木板确定热敏探头在土壤剖面上安装的位置。将在铜管中的热敏探头分别埋在 5 cm、10 cm、15 cm 和 20 cm 深度，然后分层回填土壤，保证热敏探头和土壤有良好的接触；至少将 20 cm 以上的探头引线埋入土壤，避免热传导带来的误差；保持土壤固有的层次结构和容重等特性，尽量减小土壤水热特性的变化。

（3）连接数采仪和探头：其连接引线最好穿过 PVC 管，埋入土壤底层，以避免田间管理、耕作以及动物对引线的破坏。

（4）接通电源，设定好取样频率，连续监测土壤温度的昼夜变化。利用数采仪采集温度数据。每 10 min 测定 1 次，30 min 时，计算平均数并输出数据，共采集 24 h。

【注释】

（1）要在同一时间观测读数，只有同一时刻测定的土壤温度才具有可比性。

（2）测定土壤表面温度时，要保持探头与土壤表面接触良好；尽量使用微型热电偶以减小探头对地面能量平衡的影响，而且为了降低辐射热传输，一般将探头上盖一薄层土（5 mm 左右）。

附录一
实验室安全常识及注意事项

在实验室里，储存摆放着实验分析所需要的各种各样的化学药剂、玻璃器皿和实验仪器等。一些药品具有易燃、易爆、有毒、有害及腐蚀性，使用不当就会造成中毒及灼伤等危险；玻璃器皿易于破碎，且残片异常锋利，若处理不当则极易割伤；多数实验仪器的运行都需要用到电、火、水及惰性气体等，操作不当就会引起爆炸、着火、触电等事故，这些危险事故的发生常会给我们带来严重的人身伤害和财产损失。因此，我们在进入实验室进行实验操作之前，很有必要了解和掌握相关的实验室安全知识以及注意事项，这样就可以有效地减少和避免实验室安全事故的发生。

一、化学药品安全操作的基本知识

（1）各种化学药品，使用前要熟悉它的性质，掌握它的使用方法和注意事项，对于用易燃、易爆、易挥发、有毒、有害、有腐蚀性的药品，需在试剂瓶上标记备注，做到单独存放、专人管理。

（2）使用易燃物品，要远离火源，用后及时放回安全地方保存。加热易燃物品（如油浴等），加热时须严格控制温度，专人看管，不得远离化验室。

（3）易挥发的可燃物品，如酒精、丙酮、汽油等盛装容器要密封，远离火源，有条件的要放入通风的隔离室。

（4）蒸馏易燃物品（如回收酒精、乙醚、醋酸乙酯等），首先将水放入冷凝器并确信水流固定时，再进行加热，操作时随时注意冷凝情况，并避免使用直接火和明火。为了安全，最好将接收器放在砂土内，有条件的实验室应把加热装置与回收装置分开放在两个实验室操作。

（5）如发生火灾，在灭火的同时应注意切断电源，并将附近易燃、易爆物品拿开。遇丙酮、酒精、松节油、汽油、乙醚等有机溶剂和金属钠着火时，应使用砂土或干粉灭火器灭火，切不可用水。

（6）实验员身上着火时，不要乱跑，不要浇水。应立即躺倒在空旷地面滚动，将火压灭或用湿布盖在着火处。

（7）用嗅觉鉴别物品时，不可用鼻子直接去闻。可将药品与面部保持一定距离，用手煽动药品挥发物，以此鉴别，防止中毒。

（8）转移或配制有灼烧或腐蚀性的药品时（如强酸、强碱、溴水和氢氟酸等），务必小心操作，防止溅失。若大量使用或长期操作，则应戴橡皮手套及口罩，避免接触皮肤造成灼伤事故。

（9）使用剧毒药品（如氰化钾、三氧化二砷、三氯甲烷等），必须严格遵守保管使用规则，不能与一般药品混放或任意取用。用后立即放回严加保管，并经常注意检查。

（10）开启易挥发药品的瓶盖时（如乙醚、氨水、浓盐酸等），应在通风橱内操作，切不可将瓶口对准自己或他人。

（11）稀释硫酸时，必须小心地把浓硫酸沿容器壁缓缓加入水中，并不停地摇动或搅拌，使其混合均匀，切不可将水加入硫酸中，否则会引起猛烈溅失而造成灼伤和腐蚀。

二、实验室药品取用规则

（一）取用药品要做到"三不原则"

（1）不能用手接触药品。
（2）不要把鼻孔凑到容器口去闻药品的气味。
（3）不得品尝任何药品。

（二）节约药品原则

应该严格按照实验规定的用量取用药品。如果没有说明用量，一般应该按最少量取用，液体取用 1 ~ 2 mL，固体只需盖满试管底部。

（三）药品处理"三不一要"原则

（1）实验剩余的药品不能放回原瓶。
（2）实验剩余的药品不能随意丢弃。
（3）实验剩余的药品不能拿出实验室。
（4）实验剩余的药品要放入指定的容器内。

三、药品的取用方法

（一）固体药品的取用方法

（1）固体粉末一般用药匙或纸槽取用。操作时做到"一倾、二送、三直立"，即先使试管倾斜，把药匙小心地送至试管底部，然后使试管直立。

（2）块状药品一般用镊子夹取。操作时做到"一横、二放、三慢"，即先横放容器，把药品或金属颗粒放入容器口以后，再把容器慢慢竖立起来，使药品或金属颗粒缓缓地滑到容器的底部，以免打破容器。

（3）用过的药匙或镊子要立刻用干净的纸擦拭干净。

（二）液体药品的取用方法

1. 取用较多液体

当取用较多液体时，可直接倾倒，但需注意以下 4 个方面。

（1）细口瓶的瓶塞必须倒放在桌面上，防止药品腐蚀实验台或污染药品。

（2）瓶口必须紧挨试管口，并且缓缓地倒，防止药液损失。

（3）细口瓶贴标签的一面必须朝向手心处，防止药液洒出腐蚀标签。

（4）倒完液体后，要立即盖紧瓶塞，并把瓶子放回原处，标签朝向外面，防止药品潮解或变质。

2. 取用少量液体

当取用少量液体时，须使用胶头滴管，并且注意以下三个方面。

（1）应在容器的正上方垂直滴入；胶头滴管不要接触容器壁，防止污染试剂。

（2）取液后的滴管，应保持橡胶胶帽在上，不要平放或倒置，防止液体倒流、污染试剂或腐蚀橡胶胶帽。

（3）用过的试管要立即用清水冲洗干净；但滴瓶上的滴管不能用水冲洗，也不能交叉使用。

3. 取用定量的液体

当取用定量的液体时，应使用量筒，操作时须注意以下两个方面。

（1）当向量筒中倾倒液体接近所需刻度时，停止倾倒，余下部分用胶头滴管滴加药液至所需刻度线。

（2）读数时量筒必须放平，视线要与量筒内液体的凹液面的最低处保持水平（仰视偏小，俯视偏大），再读出液体的体积。

四、药品的存放

（1）白磷易燃，需存放在水中。

（2）浓硫酸具有吸水性，浓盐酸、浓硝酸具有挥发性，浓硝酸见光易分解。因此，浓硫酸、浓盐酸用磨口瓶盖严。浓硝酸用棕色磨口瓶密闭存放。

（3）硝酸银溶液见光易分解，硝酸银溶液应存放在棕色试剂瓶中。

（4）固体氢氧化钠、氢氧化钾具有吸水性，容易潮解。碱能与玻璃反应，使带有玻璃塞的瓶子难以打开。因此，固体氢氧化钠、氢氧化钾应密封于干燥容器中，并用橡胶塞密封，不能用玻璃塞。

（5）金属钾、钠、钙非常活泼，能与空气中的氧气发生反应。金属钠或钾等物质与水反应，会放出氢气而着火、燃烧或爆炸。因此，金属钾、钠、钙应存放在煤油中。要分解金属钠时，可把它放入乙醇中使之反应，但要注意防止产生的氢气着火。分解金属钾时，则在氮气保护下，按同样的操作进行处理。

五、加热注意事项

（一）使用酒精灯时的注意事项

（1）绝对禁止向燃着的酒精灯里添加酒精。

（2）绝对禁止用燃烧的酒精灯引燃另一只酒精灯。

（3）用完酒精灯后，必须用灯帽盖灭，不可用嘴去吹。

（4）如果洒出的酒精在桌上燃烧起来，应立刻用湿抹布扑盖，不可用水灭火，过火面积大时，需用砂土或干粉灭火器灭火。

（5）酒精灯内酒精含量不能少于酒精灯容量的 1/4，也不能多于酒精灯容量的 2/3。

（二）试管加热的注意事项

（1）加热试管时先预热，使试管在火焰上移动，待试管均匀受热后，再将火焰固定在盛放药品的部位加热，防止试管炸裂。

（2）加热时要用试管夹。夹持试管时，应将试管夹从试管底部往上套，夹持部位在距试管口近 1/3 处，握住试管夹的长柄，不要把拇指按在短柄上。

（3）加热固体时，试管口应略向下倾斜，防止冷凝水回流到热的试管底部导致试管炸裂。

（4）加热液体时，试管口要向上倾斜，与桌面成 45° 角，液体体积不能超过试管容积的 1/3，防止液体沸腾时溅出伤人。

（5）试管外壁不能有水，防止试管炸裂。

（6）试管底部不能和酒精灯的灯芯接触，防止试管炸裂。

（7）烧得很热的试管不能立即用冷水冲洗，防止试管炸裂。

（8）加热时试管不要对着有人的方向，防止液体沸腾时溅出伤人。

（9）加热完毕时要将试管夹从试管口取出。

六、玻璃器皿洗涤注意事项

（一）仪器洗干净的标准

洗过的玻璃仪器内壁附着的水既不聚成水滴，也不成股流下时，表示仪器已洗干净。

（二）新玻璃器皿的洗涤方法

新购置的玻璃器皿含游离碱较多，应在酸溶液内先浸泡数小时。酸溶液一般采用 2% 的盐酸或洗涤液。浸泡后用自来水冲洗干净，再用水润洗，后放在指定位置晾干或烘干备用。

（三）使用过的玻璃器皿的洗涤方法

（1）试管、培养皿、三角烧瓶、烧杯等可用瓶刷或海绵沾上肥皂、洗衣粉或去污粉等洗涤剂刷洗，然后用自来水充分冲洗干净。热的肥皂水去污能力更强，可有效地洗去器皿上的油污。洗衣粉和去污粉因较难冲洗干净而常在器壁上附着一层微小粒子，故要用水多次甚至 10 次以上充分冲洗，或用稀盐酸摇洗一次，再用水冲洗，然后倒置于铁丝框内或有空心格子的木架上，在室内晾干。急用时可盛于框内或搪瓷盘上，放烘箱烘干。

（2）装有固体培养基的器皿应先将其刮去，然后洗涤。

（3）带菌的器皿在洗涤前应先浸在 2% 煤酚皂溶液或 0.25% 新洁尔消毒液内 24 h 或煮沸 30 min，再用上述方法洗涤。

（4）玻璃吸管在使用后应立即投入盛有自来水的量筒或标本瓶内，以免干燥后难以冲洗干净。量筒或标本瓶底部应垫脱脂棉花，否则吸管投入时容易破损。待实验完毕，再集中冲洗。若吸管顶部塞有棉花，则冲洗前先将吸管尖端与装在水龙头上的橡皮管连接，用水将棉花冲出，然后再装入吸管自动洗涤器内冲洗，没有吸管自动洗涤器的实验室可用冲出棉花的方法多冲洗片刻。必要时再用水淋洗。洗净后，放搪瓷盘中晾干，若要加速干燥，可放烘箱内烘干。

（5）吸管的内壁如果有油垢，应先在洗涤液内浸泡数小时，然后再进行冲洗。

（6）用试管刷刷洗时须转动或上下移动试管刷，但用力不能过猛，以防试管损坏。

七、实验室意外事故的处理

（1）氢氧化钠、氢氧化钾等浓碱液灼伤皮肤应先用水冲洗，然后用 2%～3% 硼酸液冲洗。

（2）稀硫酸、盐酸、硝酸等沾到皮肤上，应立即用水冲洗，然后用 5% 碳酸氢钠溶液冲洗（如浓硫酸溅到皮肤上，不得先用水冲，要根据情况迅速用布拭去，再用 5% 碳酸氢钠溶液冲洗，最后用水冲洗）。

（3）氢氟酸沾到皮肤上应先用水冲洗，然后用 5% 碳酸钠溶液冲洗，再用 2 份甘油与 1 份氧化镁制成的糊剂涂敷包扎或用饱和硫酸镁溶液冲洗。

（4）磷灼伤：用浸有 2% 硫酸铜溶液的湿润纱布，盖在灼伤处。

（5）溴灼伤：用浓氨水、松节油、酒精（95%）按等量配成的合剂冲洗灼伤处。

（6）苯酚灼伤：先用水冲洗，然后用 4 份酒精（70%）与 1 份三氯化铁的混合液清洗灼伤处。轻微灼伤可用酒精棉球擦洗。

（7）烫伤：一般烫伤可涂上苦味酸软膏（少量的苦味酸与少许凡士林调和而制成）；若伤处只是发红，可擦医用橄榄油；若伤处起水泡，则不要把水泡挑破，涂上甲紫；若伤处发黑且多处烫伤，应送医院治疗。

（8）割伤：一般割伤可用酒精棉球擦净伤口，然后涂上消炎粉包扎即可。若是玻璃割伤，需在擦洗伤口时用放大镜检查有无玻璃碎片，如有碎片则必须拨出，然后再涂上消炎粉包扎，如果伤势较重，应立即送医院治疗。

八、保持实验室整齐清洁

每次做完实验，要及时洗刷器皿，清理实验台，实验台要保持清洁。应养成良好习惯，做到有条不紊。对连续性操作，要在离开实验室前将仪器放整齐，必要时用纸或塑料布盖好，注明"实验未完，勿动"字样。

附录二
常用元素原子量表

原子序数	原子符号	中文名称	英文名称	原子量
1	H	氢	Hydrogen	1.007 9
2	He	氦	Helium	4.002 60
3	Li	锂	Lithium	6.941
4	Be	铍	Beryllium	9.012 18
5	B	硼	Boron	10.81
6	C	碳	Carbon	12.011
7	N	氮	Nitrogen	14.006 7
8	O	氧	Oxygen	15.999 4
9	F	氟	Fluorine	18.998 40
10	Ne	氖	Neon	20.179
11	Na	钠	Natrium	22.989 77
12	Mg	镁	Magnesium	24.305
13	Al	铝	Aluminium	26.981 54
14	Si	硅	Silicon	28.085 5
15	P	磷	Phosphorus	30.973 76
16	S	硫	Sulfur	32.06
17	Cl	氯	Chlorine	35.453
18	Ar	氩	Argon	39.948
19	K	钾	Kalium	39.098
20	Ca	钙	Calcium	40.08
21	Sc	钪	Scandium	44.96
22	Ti	钛	Titanium	47.90
23	V	钒	Vanadium	50.941 5
24	Cr	铬	Chromium	51.996
25	Mn	锰	Manganese	54.938 0
26	Fe	铁	Ferrum	55.847
27	Co	钴	Cobalt	58.933 2

续表

原子序数	原子符号	中文名称	英文名称	原子量
28	Ni	镍	Nickel	58.70
29	Cu	铜	Cuprum	63.546
30	Zn	锌	Zinc	65.38
31	Ga	镓	Gallium	69.72
32	Ge	锗	Germanium	72.59
33	As	砷	Arsenic	74.921 6
34	Se	硒	Selenium	78.96
35	Br	溴	Bromine	79.904
38	Sr	锶	Strontium	87.62
40	Zr	锆	Zirconium	91.22
42	Mo	钼	Molybdenum	95.94
43	Tc	锝	Technetium	99
46	Pd	钯	Palladium	106.4
47	Ag	银	Argentum	107.868
48	Cd	镉	Cadmium	112.41
49	In	铟	Indium	114.82
50	Sn	锡	Stannum	118.69
51	Sb	锑	Stibium	121.75
52	Te	碲	Tellurium	127.60
53	I	碘	Iodine	126.904 5
54	Xe	氙	Xenon	131.30
55	Cs	铯	Caesium	132.905 4
56	Ba	钡	Barium	137.33
57	La	镧	Lanthanum	138.905 5
58	Ce	铈	Cerium	140.12
67	Ho	钬	Holmium	164.930 4
70	Yb	镱	Ytterbium	173.04
74	W	钨	Wolfram	183.85
77	Ir	铱	Iridium	192.22
78	Pt	铂	Platinum	195.09
79	Au	金	Aurum	196.966 5
80	Hg	汞	Hydrargyrum	200.59
81	Tl	铊	Thallium	204.37
82	Pb	铅	Plumbum	207.2
83	Bi	铋	Bismuth	208.980 4

参考文献

[1] 吕贻忠，李保国. 土壤学实验[M]. 北京：中国农业出版社，2010.

[2] 林大仪. 土壤学实验指导[M]. 北京：中国林业出版社，2004.

[3] 黄昌勇. 土壤学[M]. 北京：中国农业出版社，2000.

[4] 黄昌勇. 土壤学实验实习指导书[M]. 北京：中国农业出版社，1992.

[5] 南京农学院. 土壤农化分析[M]. 北京：中国农业出版社，1980.

[6] 南京农业大学. 土壤农化分析[M]. 2 版. 北京：中国农业出版社，1981.

[7] 鲍士旦. 土壤农化分析[M]. 3 版. 北京：中国农业出版社，2000.

[8] 霍亚贞，李天杰. 土壤地理实验实习[M]. 北京：高等教育出版社，1987.

[9] 刘凤枝. 农业环境监测实用手册[M]. 北京：中国标准出版社，2001.

[10] 刘光崧. 土壤理化分析与剖面描述[M]. 北京：中国标准出版社，1996.

[11] 楼书聪. 化学试剂配置手册[M]. 南京：江苏科学技术出版社，1993.

[12] 全国土壤普查办公室. 中国土壤[M]. 北京：中国农业出版社，1998.

[13] 农业部全国土壤肥料总站. 土壤分析技术规范[M]. 北京：中国农业出版社，1993.

[14] 李酉开. 土壤农业化学常规分析法[M]. 北京：科学出版社，1984.

[15] 刘光崧. 土壤理化分析与剖面描述[M]. 北京：中国标准出版社，1996.